风电工程建设安全质量作业标准

变电站电气工程分册

国电投河南新能源有限公司 编

中国电力出版社
CHINA ELECTRIC POWER PRESS

图书在版编目（CIP）数据

风电工程建设安全质量作业标准．1，变电站电气工程分册 / 国电投河南新能源有限公司编．—北京：中国电力出版社，2020.11

ISBN 978-7-5198-4907-8

Ⅰ．①风… Ⅱ．①国… Ⅲ．①风力发电－变电所－电工技术－安全生产－质量标准－中国 Ⅳ．①TM614-65

中国版本图书馆 CIP 数据核字（2020）第 156836 号

出版发行：中国电力出版社
地　　址：北京市东城区北京站西街 19 号（邮政编码 100005）
网　　址：http://www.cepp.sgcc.com.cn
责任编辑：赵鸣志（zhaomz@126.com）
责任校对：黄　蓓　常燕昆
装帧设计：赵姗姗
责任印制：吴　迪

印　　刷：北京天宇星印刷厂
版　　次：2020 年 11 月第一版
印　　次：2020 年 11 月北京第一次印刷
开　　本：787 毫米×1092 毫米　16 开本
印　　张：3.75
字　　数：77 千字
印　　数：0001—1500 册
定　　价：78.00 元（全六册）

《风电工程建设安全质量作业标准》
编写委员会

主　　任　耿银鼎

副 主 任　徐士勇　徐枪声

主　　编　邓随芳

编　　委　魏贵卿　王　浩　张喜东　孙程飞　李　珂　崔海飞
　　　　　任鸿涛　徐梦卓　马　欢　刘　洋　刘君一　张　昭
　　　　　李锦龙　兰　天

知识产权声明

前　　言

为规范国电投河南新能源有限公司全资和控股的新建、扩建陆上风力发电工程建设质量管理工作，明确质量要求，提升施工工艺质量标准，特编制本标准。

本标准由河南新能源工程建设中心组织编制并归口管理。

本标准主编单位：国电投河南新能源有限公司。

本标准主要编写人：李珂、任鸿涛。

本标准主要审查人：邓随芳、孙程飞。

目　　录

编号	工艺名称	工艺流程	工艺标准及施工要点	验收标准	安全要点
1	主变压器、油浸式电抗器安装	1. 基础验收放线 2. 设备就位 3. 附件试验 4. 附件安装 5. 真空注油 6. 油循环	（1）基础（预埋件）中心位移小于或等于 5mm，水平度误差小于或等于 2mm。 （2）防松件齐全完好，引线支架固定牢固、无损伤；本体牢固稳定且与基础吻合。 （3）附件齐全，安装正确，功能正常，无渗漏油现象，套管无损伤、裂纹。安装穿芯螺栓应保证两侧螺栓露出长度一致。 （4）引出线绝缘层无损伤、裂纹，裸导体外观无毛刺尖角，相间及对地距离符合规范要求。 （5）本体两侧与接地网两处可靠连接。外壳、机构箱及本体的接地牢固，且导通良好。 （6）电缆排列整齐、美观，固定与防护措施可靠，有条件时采用封闭桥架。 （7）均压环安装应无划痕、毛刺，安装牢固、平整、无变形；均压环宜在最低处打排水孔。 （8）变压器套管与硬母线连接时，应采取伸缩节等防止套管端子受力的措施。 （9）在基础上画出中心线。主变压器、油浸式电抗器的中心与基础中心线重合。 （10）就位后检查三维冲撞记录仪，记录、确认最大冲击数据并办理签证，记录仪数值满足制造厂要求，最大值不超过 3g，原始记录必须留存建设管理单位。 （11）充气运输的变压器、油浸式电抗器在运输和现场油箱内应保持为正压，其压力为 0.01～0.03MPa。 （12）附件安装前应检查或试验。气体组电器、温度计应送检；套管 TA 检查试验，铁芯和夹件绝缘试验。 （13）当需要钻桶进行器身内部检查时，钻桶人员应穿专用工作服，钻桶前应进行器身内的含氧量测试，含氧量达到 18%方可进桶。钻桶人员携带的工器具应登记，防止遗陷在器身内。 （14）附件安装： 1）安装附件需要变压器本体露空时，环境相对湿度应小于 80%，连续露空时间不超过 8h，累计露空时间不宜超过 24h，场地四周应清洁，并有防尘措施。	（1）主变压器本体与外挂的机构箱、端子箱、电缆走线槽等附件外观颜色一致。 （2）主变压器布置安装定位准确，本体牢固稳定地与基础配合，防松件齐全完好。 （3）套管引出线三相弛度应保持一致，并需满足设计要求及安装规范要求。 （4）在电气设备安装时，用水准仪及线坠检测，使设备安装横平竖直，最大程度地做到安装无附加垫片，牢固稳定。	（1）安装所需工器具经专业资质机构查验合格，在有效期内。 （2）专业安装人员持各专业资格证，且在有效期内。 （3）防止人身触电：检查电源箱的漏电开关是否失灵，破损的电源线禁止使用，由电工操作电源箱。 （4）防止机械伤害：挂设机械操作规程并严格执行，设专职的机械操作人员。

续表

编号	工艺名称	工艺流程	工艺标准及施工要点	验收标准	安全要点
1	主变压器、油浸式电抗器安装		2）冷却器起吊应保持平衡，接口阀门密封、开启位置应预先检查。 3）升高座安装时安装面必须平行接触，排气孔位置在正上方。电流互感器二次备用绕组端子应短接接地。 4）储油柜安装应确认方向正确并进行位置复核。 5）连接管道内部清洁，连接面或连接接头可靠。 6）气体继电器安装箭头朝向储油柜，连接面平行，紧固受力均匀。 7）温度计安装毛细管应固定可靠和美观。 8）有载调压开关按照产品说明书要求进行检查。 9）应按规范严格控制露空时间。内部检查时应向箱体持续注入露点低于−40℃的干燥空气，保持内部微正压，避免潮气侵入，且确保含氧量不小于18%。 （15）现场安装涉及的密封面清洁、密封圈处理、螺栓紧固力矩应符合产品说明书和相关规范的要求。安装未涉及的密室面，应检查复紧螺栓，确保密封性。 （16）冷却器按制造厂规定的压力值用气压或油压进行密封试验。 （17）变压器、油浸式电抗器注油前后绝缘油应取样进行检验，并符合国家相关标准。 （18）抽真空处理和真空注油： 1）真空残压要求：220kV 小于或等于133Pa。 2）维持真空残压的抽真空时间：220kV 的变压器不得少于8h。 3）110kV 的变压器、电抗器宜采用真空注油，220kV 及以上的变压器应真空注油。真空注油速率控制在6000L/h 以下，一般为 3000～5000L/h，真空注油过程维持规定残压。 4）密室试验：对变压器连同气体继电器、储油柜一起进行密封性试验，在油箱顶部加压0.03MPa，持续时间 24h 应无渗漏。 （19）整体检查与试验合格	（5）基础（预埋件）水平误差小于5mm。 （6）本体就位、附件吊装应满足产品说明书的要求，接口阀门密封、开启位置应预先检查。 （7）所有螺栓紧固应符合产品说明书的要求。 （8）按照设计图纸和产品图纸进行二次接线，必须核对设计图纸、产品图纸与实际装置的符合性。 （9）抽真空处理和真空注油按照工艺标准执行	（5）防止高处落物：工人进入施工现场按要求戴好安全帽，向上传递物品时严禁上抛，需用工具袋传递。 （6）吊装、防止高处坠落：使用合格的吊具，吊装下方不得站人，作业人员应听从统一指挥，身体不能在夹缝内，作业人员应使用安全带

续表

编号	工艺名称	工艺流程	工艺标准及施工要点	验收标准	安全要点
2	主变压器接地引线安装	1. 接地扁铁弯制 2. 接地扁铁敷设 3. 接地扁铁连接 4. 刷防腐漆及色标漆	（1）接地引线采用扁钢时，应经热镀锌防腐。 （2）接地引线与设备本体采用螺栓搭接，搭接面紧密。 （3）本体及中性点均需两点接地，分别与主接地网的不同干线相连，中性汇流母线宜采用淡蓝色标识。 （4）接地引线地面以上部分应采用黄绿接地标识，间隔宽度、顺序一致，最上面一道为黄色，接地标识宽度为15～100mm。 （5）110kV及以上变压器的中性点、夹件接地引下线与本体可靠绝缘。 （6）钟罩式本体外壳在上下法兰之间应做可靠跨接。 （7）按运行要求设置试验接地端子。 （8）主变压器接地引线在制作前，对原材料进行校直。 （9）接地引线制作前结合实际安装位置，弯制出接地引线模型。 （10）根据模型尺寸下料，为满足弯曲弧度，下料时要留有余度。 （11）扁钢弯曲过程，应采用机械冷弯，避免热弯损坏锌层。 （12）制作后的接地引线与主变压器专设接地件进行螺栓连接并紧固，螺栓连接处不得有油漆。 （13）接地引线与主接地网在自然状态下搭接焊，搭接焊长度大于2倍引线宽度，锌层破损处及焊接位置两侧100mm范围内应防腐	（1）主变压器本体两点接地，分别与主接地网的不同网格相连。 （2）外壳及主变压器本体的接地牢固，且导通良好，为方便检修和拆卸，接地引线与设备本体采用锁锌螺栓搭接；宽度不同的接地排搭接时，需对较宽的接地排做倒角处理，以求工艺美观。 （3）接地体横平竖直、工艺美观。接地引线地面以上部分应采用黄绿接地漆标识，接地漆的间隔宽度为15～100mm，顺序排列为黄绿交替。 （4）用于地面以上的锁锌扁钢应进行必要的校直。 （5）扁钢弯曲时，应采用机械冷弯，避免热弯损坏锁锌层。 （6）焊接位置及锁锌层破损处应可靠防腐，在焊痕处100mm内做防腐处理。 （7）主变压器铁芯必须一点接地，连接至主接地网	（1）安装所需工器具经专业资质机构查验合格，在有效期内。 （2）专业安装人员持各专业资格证，且在有效期内。 （3）防止人身触电：检查电源箱的漏电开关是否失灵，破损的电源线禁止使用，由电工操作电源箱。 （4）防止机械伤害：挂设机械操作规程并严格执行，设专职的机械操作人员。 （5）防止高处落物：工人进入施工现场按要求戴好安全帽，向上传递物品时严禁上抛，需用工具袋传递。 （6）吊装、防止高处坠落：使用合格的吊具，吊装下方不得站人，作业人员应听从统一指挥，身体不能在夹缝内，作业人员应使用安全带
3	站用变压器安装	1. 基础测量验收 2. 设备就位 3. 设备调整 4. 引线连接	（1）基础（预埋件）水平度误差小于或等于3mm。 （2）本体固定牢固、可靠，防松件齐全、完好，接地牢固，导通良好。 （3）附件齐全，安装正确，功能正常。 （4）引出线支架固定牢固、无损伤，绝缘层无损伤及裂纹。 （5）裸露导体无尖角、毛刺，相间及对地距离符合规范要求。 （6）复测基础预埋件位置偏差、平整度误差符合要求。	（1）基础（预埋件）水平误差小于或等于3mm。 （2）对干式变压器，绕组绝缘筒内部应清洁，无杂物。 （3）所有螺栓紧固应符合产品说明书的要求。 （4）工艺设计对站用变压器总体安装效果的要求。 1）站用变压器布置需特别考虑运行维护的人性化要求，储油柜上的油位计朝向应便于观察。	（1）安装所需工器具经专业资质机构查验合格，在有效期内。 （2）专业安装人员持各专业资格证，且在有效期内。 （3）防止人身触电：检查电源箱的漏电开关是否失灵，破损的电源线禁止使用，由电工操作电源箱。 （4）防止机械伤害：挂设机械操作规程并严格执行，设专职的机械操作人员。

续表

编号	工艺名称	工艺流程	工艺标准及施工要点	验收标准	安全要点
3	站用变压器安装		（7）就位前外观检查，检查绕组绝缘筒内部应清洁，无杂物，外部面漆无损伤痕迹，绕组与底部固定件、顶部铁芯夹件固定螺栓应紧固，无松动现象。高、低压侧引出接线端子与绕组之间无裂纹痕迹，相色标识完整。 （8）安装前依据设计图纸核对高、低压侧朝向，底部如有槽钢固定件，提前将槽钢固定件与干式站用变压器螺栓连接好，整体就位后用水平尺复核本体整体水平度，调至平稳、水平状态后，将底部槽钢件与预埋件焊接。底座两侧与接地两处可靠连接，低压中性点接地方式符合设计要求，本体引出的其他接地端子就近与主网连接。 （9）站用变压器接地引线在制作前，对原材料进行校直。结合实际安装位置，弯制出接地引线模型。应采用机械冷弯，避免热弯损坏锌层，制作后的接地引线与站用变压器专设接地件进行螺栓连接，紧固并保证电气安全距离。 （10）引出端子与导线连接可靠，并且不超过允许的承受应力。 （11）所有螺栓紧固后，对应不同级别螺栓采用不同扭矩值检验，站用变压器接线端子连线紧固扭矩遵循厂家说明要求	2）站用变压器高、低压套管引出线采用硬母线连接时统一加装热缩套，使运行更加安全。 3）其余安装要求同主变压器。 4）对于户内安装形式的站用变压器，要求在站用变压器与房间大门之间加装围栏，便于运行单位维护巡视。 （5）站用变压器本体固定牢固、可靠，防松件齐全、完好，接地牢固（包括低压侧中性点、铁芯一点接地），导通良好。 （6）附件齐全，安装正确，功能正常，无渗漏油。 （7）引出线支架固定牢固、无损伤，绝缘层无损伤及裂纹。 （8）裸露导体无尖角、毛刺，相间及对地距离符合《电气装置安装工程　母线装置施工及验收规范》（GB 50149）的规定	（5）防止高处落物：工人进入施工现场按要求戴好安全帽，向上传递物品时严禁上抛，需用工具袋传递。 （6）吊装、防止高处坠落：使用合格的吊具，吊装下方不得站人，作业人员应听从统一指挥，身体不能在夹缝内，作业人员应使用安全带
4	配电盘（开关柜）安装		（1）基础槽钢允许偏差：不直度小于1mm/m，全长小于5mm；水平度小于 1mm/m，全长小于5mm。位置误差及不平行度小于5mm。 （2）盘、柜体底座与基础槽钢连接牢固，接地良好，可开启柜门用软铜导线可靠接地。 （3）盘、柜面平整，附件齐全，门销开关灵活，照明装置完好，盘、柜前后标识齐全、清晰。 （4）盘、柜体垂直度误差小于1.5mm/m；相邻两柜顶部水平度误差小于2mm，成列柜顶部水平度误差小于5mm；相邻两柜盘面	同工艺标准	（1）安装所需工器具经专业资质机构查验合格，在有效期内。 （2）专业安装人员持各专业资格证，且在有效期内。 （3）防止人身触电：检查电源箱的漏电开关是否失灵，破损的电源线禁止使用，由电工操作电源箱。 （4）防止机械伤害：挂设机械操作规程并严格执行，设专职的机械操作人员。

续表

编号	工艺名称	工艺流程	工艺标准及施工要点	验收标准	安全要点
4	配电盘（开关柜）安装		误差小于1mm，成列柜面盘面误差小于5mm，相间接缝误差小于2mm。 （5）屏柜内电源侧进线接在进线侧，负荷侧出线应接在出线端（即可动触头接线端）。 （6）母线平置时，贯穿螺栓应由下往上穿，螺母应在上方；其余情况下，螺母应置于维护侧，连接螺栓长度宜高出螺母 2～3扣。 （7）配电室（开关室）内基础平行预埋槽钢平行间距误差、单根槽钢平整度及平行槽钢整体平整度误差复测，核对槽钢预埋长度与设计图纸是否相符，复查槽钢与接地网是否可靠连接。 （8）配电盘（开关柜）安装前，检查外观面漆应无明显损伤痕迹，外壳无变形，盘面（柜面）电流和电压表计、保护装置、操作按钮、门把手完好，内部电气元件固定无松动。 （9）配电盘（开关柜）安装前，依据设计图纸核对每面配电盘（开关柜）在室内安装位置，从配电室（开关室）入门处开始组立，与预埋槽钢间螺栓连接（不宜与基础预埋槽钢焊死），第一面盘（柜）安装后调整好盘（柜）垂直和水平，紧固底部与槽钢连接螺栓。 （10）相邻配电盘（开关柜）以每列已组立好的第一面盘（柜）为齐，使用厂家专配并盘（柜）螺栓连接，调整好盘（柜）间缝隙后紧固底部连接螺栓和相邻盘（柜）连接螺栓。 （11）柜内母线安装时应检查柜内支持式绝缘子安装方向是否正确。 （12）封闭母线隐蔽前应进行验收。 （13）配电盘（开关柜）接地配置规范，应有两处明显的与接地网可靠连接点		（5）防止高处落物：工人进入施工现场按要求戴好安全帽，向上传递物品时严禁上抛，需用工具袋传递。 （6）吊装、高处坠落：使用合格的吊具，吊装下方不得站人，作业人员应听从统一指挥，身体不能在夹缝内，作业人员应使用安全带

续表

编号	工艺名称	工艺流程	工艺标准及施工要点	验收标准	安全要点
5	绝缘子串组装		（1）绝缘子外观、瓷质完好无损，铸钢件完好，无锈蚀。 （2）连接金具与所用母线的导线匹配，金具及紧固件光洁，无裂纹、毛刺及凸凹不平。 （3）弹簧销应有足够的弹性，销针开口不得小于60°，并不得有折断或裂纹，严禁用线材代替。 （4）可调金具的调节螺母紧锁。 （5）耐压试验合格后进行组装。 （6）悬垂绝缘子在倒运前，依据设计图纸相关说明，了解绝缘子串如何配色，确定各间隔串所需绝缘子数量，确定可调绝缘子串和不可调串在间隔串内放置位置。将每串绝缘子连接拉线金具与绝缘子及金具之间进行试组装，查看其是否匹配，以及与耐张线夹连接的金具是否匹配。 （7）检查间隔串内放置绝缘子串地面是否平整，有无易让绝缘子受损的石块、瓦砾等，绝缘子与地面之间采取简易隔离（垫护）措施，防止绝缘子表面产生污迹。 （8）绝缘子倒运到位后，检查绝缘子外观有无损坏，损坏面积超过厂家要求范围时应及时更换。绝缘子间连接过程统一将碗口朝下，销钉完整穿入，金具串之间组装后螺栓露出丝扣符合设计、厂家提供金具样本要求，螺栓墙部销针完整销入不会脱陷，与绝缘子串连接的球头组装后绝缘子销钉完整穿入。 （9）对组装好的可调串及不可调串长度，进行实物测量	同工艺标准	（1）安装所需工器具经专业资质机构查验合格，在有效期内。 （2）专业安装人员持各专业资格证，且在有效期内。 （3）防止人身触电：检查电源箱的漏电开关是否失灵，破损的电源线禁止使用，由电工操作电源箱。 （4）防止机械伤害：挂设机械操作规程并严格执行，设专职的机械操作人员。 （5）防止高处落物：工人进入施工现场按要求戴好安全帽，向上传递物品时严禁上抛，需用工具袋传递。 （6）吊装、高处坠落：使用合格的吊具，吊装下方不得站人，作业人员应听从统一指挥，身体不能在夹缝内，作业人员应使用安全带
6	支柱绝缘子安装		（1）支架标高偏差小于或等于5mm，垂直度偏差小于或等于5mm，顶面水平度偏差小于或等于2mm/m。 （2）绝缘子支柱外观清洁，无裂纹，底座固定牢靠，受力均匀。 （3）垂直误差小于或等于1.5mm/m，底座水平度误差小于或等于2mm，母线直线段内各支柱绝缘子中心线误差小于或等于5mm。 （4）底座与接地网连接牢固，导通良好。 （5）绝缘子支架安装前，对基础杯底标高误差、杯口轴线误差进行测量。	同工艺标准	（1）安全员对进入现场人员的安全防护用品使用进行检查，确保人员正确佩戴安全帽。 （2）督促高处作业人员系好安全带，安全带不得低挂高用，移动过程中不得失去保护。 （3）动火前，现场配备足量合适灭火器材。清除动火作业旁易燃物质，对不能清离现场的，应采取必要的防火措施。

续表

编号	工艺名称	工艺流程	工艺标准及施工要点	验收标准	安全要点
6	支柱绝缘子安装		（6）支架组立过程控制杆头件方向，应与顶部横梁安装后底部安装孔位置保持一致，支架找正过程控制垂直度、轴线偏差，门形支架组立后，控制两支架杆顶标高误差，灌浆后需要对以上控制数据进行复测。 （7）支架顶部横梁调至水平状态后，将横梁与支架之间连接螺栓紧固。 （8）绝缘子开箱后，绝缘子支柱弯曲度应在规范规定的范围内，绝缘子支柱与法兰结合面胶合牢固并涂以性能良好的防水胶。瓷件外观完好无损伤痕迹，需要组装绝缘子严格按照厂家提供产品组装编号进行，与绝缘子顶部母线固定金具一同组装，使用镀锌螺栓进行组装。绝缘子对接法兰处调整至不错口状态，将顶部与金具及绝缘子节与节之间的连接螺栓紧固。 （9）依据安装图纸确定组装后的支柱绝缘子安装方向及其安装位置就位，找正后紧固底部与横梁连接螺栓。 （10）所有连接螺栓应用镀锌螺栓，根据螺栓规格进行扭矩检测		（4）开箱后的设备、瓷件做到边开箱、边检查、边就位，暂不能就位安装的，做好预防敲打、倾倒以及外来异物飞落的保护措施。 （5）起吊前，施工负责人核实设备质量是否在起重设备吊荷范围内，不得超负荷起吊。现场设置专人指挥；起吊前，吊钩悬挂点与吊物中心在同一垂线上，吊钩钢丝绳应垂直，方可起吊，严禁偏拉斜吊。 （6）工作负责人在起重作业前，检查吊车停靠位置正确支腿支在坚实土地上稳固、可靠，尽量避开沟、洞、地下管道。当在松软土地处支腿时，使用铁板、木方等垫实稳固。

续表

编号	工艺名称	工艺流程	工艺标准及施工要点	验收标准	安全要点
7	母线接地开关安装		（1）支架标高偏差小于或等于5mm，垂直度偏差小于或等于5mm，顶面水平度偏差小于或等于2mm/m。 （2）支柱绝缘子应垂直（误差小于或等于1.5mm/m）于底座平面且连接牢固。 （3）绝缘子支柱与底座平面操作轴间连接螺栓应紧固。 （4）导电部分的软连线连接可靠，无折损。 （5）接线端子清洁、平整，并涂有电力复合脂。 （6）操动机构安装牢固，固定支架工艺美观，机构轴线与底座轴线重合，偏差小于或等于1mm。 （7）电缆排列整齐、美观，固定与防护措施可靠。 （8）设备底座及机构箱接地应牢固，导通良好。 （9）操作灵活，触头接触可靠。 （10）接地牢固可靠。 （11）均压环安装应无划痕、毛。刺，安装牢固、平整、无变形；均压环宜在最低处打排水孔。 （12）垂直连杆应用软铜线接地（接地线由厂家提供），且应做黑色标识。 （13）接地开关支架安装前，对基础杯底标高误差、杯口轴线误差进行测量。 （14）支架组立过程控制杆头件方向，应与接地开关安装后底部安装孔位置保持一致，支架找正过程控制垂直度、轴线，灌浆后需要对以上控制数据进行复测。 （15）开箱检查接地开关附件应齐全、无锈蚀、无变形，绝缘子支柱弯曲度应在规范规定的范围内，绝缘子支柱与法兰结合面胶合牢固并涂以性能良好的防水胶。瓷裙外观完好无损伤痕迹。	同工艺标准	（7）摘钩前，负责人检查吊物，确定设备固定良好，吊物未固定稳固时，严禁摘钩。 （8）起重机起吊过程中，吊件离地10cm暂停起吊，检查吊件已均匀受力，确认起吊牢固可靠，方可继续起吊。 （9）作业期间司机和指挥人员不得离开工作岗位，吊件不得长时间悬空停留。 （10）上下设备用竹梯或人字梯，严禁直接攀爬，竹梯应绑扎牢固并有防滑措施。 （11）施工现场设专人监护，严禁在受力钢丝绳的内侧站人。

续表

编号	工艺名称	工艺流程	工艺标准及施工要点	验收标准	安全要点
7	母线接地开关安装		（16）将接地开关底座、绝缘子支柱、母线托架、接地开关静触头整体组装，检查处理导电部分连接部件的接触面，清洁后涂以复合电力脂连接。动、静触头接触处氧化物清洁光滑后涂上薄层中性凡士林油，依据设计图纸确定底座接地开关侧朝向，与接地开关静触头相对应。 （17）所有组装螺栓均紧固，并进行扭矩检测，接地开关底座自带可调节螺栓时，将其调整至设计图纸要求尺寸。 （18）接地开关调整： 1）接地开关转轴上的扭力弹簧或其他拉伸式弹簧应调整到操作力矩最小，并加以固定。 2）接地开关垂直连杆与机构间连接部分应紧固、垂直，焊接牢固、美观。 3）轴承、连杆及拐臂等传动部件机械运动应顺滑，转动齿轮应咬合准确，操作轻便灵活。 4）定位螺钉应按产品的技术要求进行调整，并固定。 5）所有传动部分应涂以适合当地气候条件的润滑。 6）电动操作前，应先进行多次手动分、合闸，机构应轻便、灵活，无卡涩，动作正常。 7）电动机的转向应正确，机构的分、合闸指示应与设备的实际分、合闸位置相符。 8）电动操作时，机构动作应平稳，无卡阻、冲击异常声响等情况。 （19）接地开关底座与支架应用导体可靠连接，确保接地可靠		（12）使用尼龙绳吊装瓷件，当使用钢丝绳吊装时，瓷件应使用麻布包裹保护措施。 （13）高处作业所用工具、材料一律放在工具包内，上、下物件用小绳传递，严禁抛扔，以防落物损坏设备。 （14）工作负责人详细检查电焊机外壳接地良好，移动焊把线时，严禁同时两手各拿一根移动，防止触电伤人
8	软母线安装	1．档距测量 2．母线下料 3．母线压接（弯制） 4．母线安装固定	（1）导线无断股、松散及损伤，扩径导线无凹陷、变形。 （2）绝缘子外观、瓷质完好无损，铸钢件完好，无锈蚀。 （3）连接金具与导线匹配，金具及紧固件光洁，无裂纹、毛刺及凸凹不平。 （4）引流板无变形、损坏。 （5）绝缘子串可调金具的调节螺母紧锁。 （6）母线弛度应符合设计要求，其允许误差为−2.5%～5%，同一档距内三相母线的弛度应一致。	（1）档距测量数据必须准确。 （2）导线外观应完好，展放时应采取防止磨损的措施。 （3）线夹规格、尺寸应与导线规格、型号相符。 （4）压接模具应与被压接管配套。 （5）软导线连接金具应与导线匹配，尽可能选用标准线夹；引（上/下）T型线夹宜统一成螺栓型，以便于后期安装。引下线及跳线线夹	（1）测量人员在横梁上测量时，除系好安全带外还应系水平安全绳，拉尺人员用力不要过猛。 （2）放线应统一指挥，线盘应架设平稳，导线应从盘的上方引出，放线人员不得站在线盘的前面，当放到最后几圈时，应采取措施防止导线突然蹦出伤人。 （3）截取导线时，严禁使用无齿锯切割，应使用手锯或切割器，防止导线

续表

编号	工艺名称	工艺流程	工艺标准及施工要点	验收标准	安全要点
8	软母线安装		（7）线夹规格、尺寸应与导线规格、型号相符。 （8）压接时必须保持线夹的正确位置，不得歪斜，相邻两模间重叠不应小于 5mm，压接后六角形对边尺寸不应大于 0.866D+0.2mm（D为接续管外径）。 （9）铝管弯曲度小于2%。 （10）均压环安装应无划痕、毛刺，安装牢固、平整、无变形；均压环宜在最低处打排水孔。 （11）软母线施工前，耐张线夹每种导线规格取两根压接后试件送检，试验合格后方可施工。 （12）测量间隔内软母线每相挂点间距离及组装好可调、不可调金具、绝缘子串组装后的长度，核对耐张线夹与软导线规格是否相符，导线压接模具是否满足耐张线夹压接需要。核对横梁挂线点与连接金具是否匹配，导线与线夹接触面均应消除氧化膜，用汽油或丙酮消洗。消洗长度不少于压接长度的 1.2 倍，线夹与导线接触面涂电力复合脂。 （13）根据测量数据和设计图纸提供软导线温度曲线安装图，计算出放线长度。 （14）在放线前检查导线外观有无磨损和严重氧化现象，局部磨损用纽砂纸进行打磨光滑，放置导线地面应平整，并铺设地毯或其他垫护材料防止导线磨损。 （15）切割前对切割部位两侧进行临时绑扎处理，以防导线抛股；导线断面应与轴线垂直；测量钢锚深度，确定钢芯铝绞线外层去除长度，在锯外层铝绞线时应注意不要伤及钢芯。钢芯压接后应对压接部位作防腐处理，耐张线夹引流板朝向应与安装后朝向保持一致，压接过程控制每模搭接长度，控制铝管弯曲度，压接后产生的飞边、毛刺进行打磨光滑。	位置设置合理，引线走向自然、美观，弧度适当或符合设计要求。 （6）三相弛度一致，符合设计要求，允许误差为+5%、−2.5%。 （7）引下端子应正对下方（设计有其他要求时应符合设计要求），无变形、损坏	产生倒钩伤手。 （4）剥铝股及穿耐张线夹时，宜两人作业，应用手锯进行切割。使用手锯作业时，作业人员应精神集中，避免伤手。 （5）压接前，仔细检查压接机及软管是否完好，或外加保护胶管，防止液压油喷出伤人。 （6）压接导线时，模具的上模盖板必须放置到位，压钳的端盖必须拧满扣且与本体对齐，防止施压时端盖蹦出、盖板弹出伤人。 （7）使用电动液压机时，其外壳必须接地可靠牢固。停止作业、离开现场时应切断电源，并挂上“严禁合闸”的标志牌。 （8）操作人员必须熟知其性能，操作熟练。使用时，应设专人操作、专人维护。严禁跨越液压管，操作人员应避开管接头正前方操作。 （9）架线前应先将滑轮分别悬挂在横梁的主材及固定在构架根部，横梁的主材及构架根部与钢丝绳接触部分应有防护措施。 （10）滑轮的直径不应小于钢丝绳直径的 16 倍，滑轮应无裂纹、破损等情况。 （11）悬挂横梁上滑轮时，高处作业人员应系好安全带，衣袖裤角应扎紧，并应穿布鞋或胶底鞋。遇有六级以上大风、雷雨、浓雾等恶劣天气，应停止高处作业。 （12）采用电动卷扬机牵引，应控制好其速度和张力，在接近挂线点时必须停止牵引，应注意不要过牵引。 （13）严禁使用卷扬机直接挂线连接，避免横梁因过牵引而变形。

续表

编号	工艺名称	工艺流程	工艺标准及施工要点	验收标准	安全要点
8	软母线安装		（16）压接后导线至间隔串内应有防止污染措施（尤其是潮湿地面），采取垫护或人工临时托起，就位前检查绝缘子金具串应已正确组装并到位。横梁与构架柱连接螺栓已紧固，就位机具（卷扬机等）已布置到位，将导线耐张与绝缘子金具正确连接，有均压环可在地面装好。绝缘子金具串未起离地面前注意对绝缘子和均压环的保护，防止损坏。 （17）导线就位后对导线弧垂进行测量，与设计图纸要求弧垂进行对比，较小误差应利用可调金具调整至满足实际要求		（14）使用绞磨时，磨绳在磨芯上缠绕圈数不得少于5圈，拉磨尾绳人员不得少于2人，并且距绞磨距离不得小于2.5m。 （15）两台绞磨同时作业时应统一指挥，绞磨操作人员应精神集中。 （16）整个挂线过程中，母线下及钢丝绳内侧严禁站人或通过。 （17）应进行跳线长度测量，测量人员在使用竹竿骑行作业时，应将安全绳系在横梁上，严禁测量人员不借用任何物件只身骑瓶测量。 （18）安装跳线时，宜用升降车或骑杆作业，此时作业人员应带工具袋和传递绳，严禁上下抛物。 （19）引下线长度的测量时，作业人员宜采用升降车或梯子作业。测量人员严禁攀爬设备瓷瓶，对升降车不能到达的地方，测量人员可采取骑杆作业，但一定要做好安全防范措施
9	引下线及跳线安装		（1）高跨线上（T形）线夹位置设置合理，引下线及跳线走向自然、美观，弧度适当。 （2）设备线夹（角度）方向合理。 （3）软导线压接线夹向上安装时，应在线夹底部打直径不超过8mm的泄水孔。 （4）铝管弯曲度小于2%。 （5）压接时必须保持线夹的正确位置，不得歪斜，相邻两模间重合不应小于5mm，压接后六角形对边尺寸不应大于 $0.866D+0.2$mm（D为接续管外径）。 （6）引下线及跳线制作前，确定其安装位置，检查两侧线夹规格确定引线及跳线线夹截面。 （7）依据设计图纸确定引线、跳线规格，并检查制作引下线及跳线的线夹与导线、压接模具之间是否匹配，导线与线夹接触面均应清除氧化膜，用汽油或丙酮清洗，清洗长度不少于连接长度的1.2倍。	同工艺标准	（1）安装所需工器具专业资质机构查验合格，在有效期内。 （2）专业安装人员持各专业资格证，且在有效期内。 （3）防止人身触电：检查电源箱的漏电开关是否失灵，破损的电源线禁止使用，由电工操作电源箱。

续表

编号	工艺名称	工艺流程	工艺标准及施工要点	验收标准	安全要点
9	引下线及跳线安装		（8）导线切割前对切割部位两侧采取绑扎措施，防止导线抛股，导线断面应与轴线垂直，引下线及跳线先压接好一端再实际测量确定导线长度。测量过程应考虑引下线及跳线安装后，设备侧接线板所承受的应力不应超过设计或厂家要求。 （9）线夹与导线接触面涂电力复合脂，线夹应顺绞线方向将导线穿入，用力不宜过大以防抛股。导线律入线夹的压接长度达到规定要求。 （10）压接过程控制每模搭接长度，控制铝管弯曲度，压接后产生的飞边、毛刺打磨光滑，短导线压接时，将导线插入线夹内距底部 10mm，用夹具在线夹入口处将导线夹紧，从管口处向线夹底部顺序压接，以避免出现导线隆起现象。 （11）引线及跳线安装过程中导线、金具应避免磨损，连接线安装时避免设备端子受到超过允许承受的应力。 （12）所有连接螺栓均采用镀锌螺栓，按照螺栓规格进行扭矩检测。 （13）软母线采用钢制螺栓型线夹连接时，应缠绕铝包带，其绕向与外层铝股的绕向一致，两端露出线夹口不超过 10mm，且端口应回到线夹内压紧。 （14）安装角度大于 30°的室外压接型端子根部应做泄水孔		（4）机械伤害：挂设机械操作规程并严格执行，设专职的机械操作人员。 （5）防止高处落物：工人进入施工现场按要求戴好安全帽，向上传递物品时严禁上抛，需用工具袋传递。 （6）吊装、高处坠落：使用合格的吊具，吊装下方不得站人，作业人员应听从统一指挥，身体不能在夹缝内，作业人员应使用安全带
10	悬吊式管形母线安装	1．档距测量 2．母线下料 3．母线压接（弯制） 4．母线安装固定	（1）母线平直，端部整齐，挠度小于 $D/2$（D 为管形母线的直径）。 （2）三相平行，相距一致。 （3）跳线走向自然，三相一致。 （4）金具规格应与管形母线相匹配。 （5）均压环安装应无划痕、毛刺，安装牢固、平整、无变形；均压环宜在最低处打排水孔。 （6）管形母线施工前，对每种型号管形母线焊接一件试件送检，试验合格后方可施工。 （7）外观无明显划痕、毛刺，检查绝缘子串与连接金具是否匹配，以及管形母线梁挂点与金具是否匹配，绝缘子与金具数量	同工艺标准	（1）安装所需工器具专业资质机构查验合格，在有效期内。 （2）专业安装人员持各专业资格证，且在有效期内。 （3）防止人身触电：检查电源箱的漏电开关是否失灵，破损的电源线禁止使用，由电工操作电源箱。

续表

编号	工艺名称	工艺流程	工艺标准及施工要点	验收标准	安全要点
10	悬吊式管形母线安装		是否满足安装需要，均压环有无毛刺、刮痕、变形。 （8）按设计图纸确定管形母线跨度，依据跨度尺寸进行管形母线配置，每相管形母线配置过程应将焊点绕开安装在其上部的隔离开关静触头夹具，保持焊缝距夹具边缘不少于50mm。 （9）管形母线配置后对焊接端进行坡口处理，坡口角度应根据管形母线壁厚来确定。同时打加强孔，数量满足设计图纸要求。焊接所使用焊丝和对管与管形母线材质相同，衬管长度满足设计要求并与管形母线匹配；管形母线对接部位两侧、对管焊接部位、焊丝应除去氧化层。 （10）管形母线焊接应采用氩弧焊；焊接过程中应采取防风措施，不得中断氩气保护。焊接成形后的管形母线待冷却后方可移动。 （11）管形母线终端球安装前，放入设计要求规格型号的阻尼导线。管形母线终端球应有滴水孔，安装时应朝下。 （12）管形母线就位前检查金具、绝缘子串应正确组装，销针完整，绝缘子碗口朝下，管形母线梁与构架柱连接螺栓紧固。 （13）管形母线跳线制作安装过程保持每相及分裂导线每根弧度一致		（4）机械伤害：挂设机械操作规程并严格执行，设专职的机械操作人员。 （5）防止高处落物：工人进入施工现场按要求戴好安全帽，向上传递物品时严禁上抛，需用工具袋传递。 （6）吊装、高处坠落：使用合格的吊具，吊装下方不得站人，作业人员应听从统一指挥，身体不能在夹缝内，作业人员应使用安全带
11	支撑式管形母线安装	1．档距测量 2．母线下料 3．母线压接（弯制） 4．母线安装固定	（1）轴线误差小于或等于10mm，基础杯底误差为－10～0mm。 （2）支架和管形母线横梁安装后，再用水平仪测量，确保支架高差在10mm以内。 （3）母线平直，端部整齐，挠度小于$D/2$（D为管形母线的直径）。 （4）三相平行，相距一致。 （5）一段母线中，除中间位置采用紧固定外，其余均采用松固定，以使母线滑动自如。 （6）金具规格应与管形母线相匹配。 （7）外观无明显划痕、毛刺，管形母线封端盖、封端球与管形母线匹配。	同工艺标准	（1）安装所需工器具专业资质机构查验合格，在有效期内。 （2）专业安装人员持各专业资格证，且在有效期内。 （3）防止人身触电：检查电源箱的漏电开关是否失灵，破损的电源线禁止使用，由电工操作电源箱。

续表

编号	工艺名称	工艺流程	工艺标准及施工要点	验收标准	安全要点
11	支撑式管形母线安装		（8）需焊接的支撑式管形母线施工前，对每种型号管形母线焊接一件试件送检，试验合格后方可施工。 （9）依据设计图纸确定管形母线跨度，但需要焊接时，依据跨度尺寸进行管形母线配置，每相管形母线配置过程应将焊点避开安装支撑金具，至少保持焊缝距支撑金具边缘 100mm。 （10）管形母线配置后对焊接端进行坡口处理，坡口角度应根据管形母线壁厚来确定。同时打加强孔，数量满足设计图纸要求。焊接所使用焊丝和衬管与管形母线材质相同，衬管长度满足设计要求并与管形母线匹配；管形母线对接部位两侧、对管焊接部位、焊丝应除去氧化层。 （11）管形母线焊接宜采用氩弧焊；焊接过程中应采取防风措施，不得中断氩气保护。焊接成形后的管形母线待冷却后方可拒动。 （12）根据实测数对管形母线最后裁剪，裁剪后的管形母线放置位置应作标记，放入阻尼导线，安装封端盖，管形母线端部应安装封端球（以设计图纸为准），封端球应带有泄水孔且朝下。 （13）双跨距管形母线就位可采用两台吊车同时吊装就位，就位过程应拴有控制绳，设专人控制防止碰撞。管形母线就位后，伸缩固定夹具与管形母线之间应涂上电力复合脂并安装紧固。 （14）所有紧固件使用镀锌螺栓，并按螺栓规格扭矩检测		（4）机械伤害：挂设机械操作规程并严格执行，设专职的机械操作人员。 （5）防止高处落物：工人进入施工现场按要求戴好安全帽，向上传递物品时严禁上抛，需用工具袋传递。 （6）吊装、高处坠落：使用合格的吊具，吊装下方不得站人，作业人员应听从统一指挥，身体不能在夹缝内，作业人员应使用安全带
12	矩形母线安装	1．档距测量 2．母线下料 3．母线压接（弯制） 4．母线安装固定	（1）支柱绝缘子支架标高偏差小于或等于 5mm，垂直度偏差小于或等于 5mm，顶面水平度偏差小于或等于 2mm/m。 （2）与主变压器套管端子之间应采取伸缩措施。 （3）导体及绝缘子排列整齐，相间距离一致，水平度偏差应小于或等于 5mm/m，顶面高差应小于或等于 5mm。 （4）支柱绝缘子固定牢固，导体固定松紧适当，除固定端紧固定外，其余均采用松固定，以使导体伸缩自然。	同工艺标准	（1）矩形母线制作、打孔、弯曲操作人员应经过机具使用专门培训，熟悉性能及使用方法。 （2）电动机械使用前进行检查，保证性能良好、接线规范、接地可靠。 （3）操作人员应穿工作服，工作时不得戴手套。严禁用手直接清除钻屑。 （4）工件应固定牢固，不得直接用手扶。 （5）大工件施错时，除固定外，还应加设支撑。

续表

编号	工艺名称	工艺流程	工艺标准及施工要点	验收标准	安全要点
12	矩形母线安装		（5）硬母线制作要求横平竖直，母线接头弯曲应满足规范要求，并尽量减少接头。 （6）支持绝缘子不得固定在弯曲处，固定点夹板边缘与弯曲处距离不应大于 0.25l（l 为两支持点间距离），但不应小于 50mm。相邻母线接头不应固定在同一绝缘子间隔内，应错开间隔安装。 （7）伸缩节设置合理，安装美观。 （8）主变压器三相出线母线安装表面应加装热缩套，热缩套规格（包括电压等级）应与硬母线配套。 （9）矩形母线安装前核对硬母线规格、材质与设计图纸是否相符，以及母线夹具是否匹配。 （10）复测直线段母线支柱绝缘子夹具中心直度。 （11）对矩形母线进行校直，校直过程不得在硬母线表面留下鼓击、损伤等痕迹。 （12）实测直线段母线距离长度，直线段利用完整单根母排制作、安装，避免过多接头。母线制作采用冷弯，矩形母线应根据不同材质、不同规格来确定其弯曲半径。转弯处母线在制作过程中应根据不同电压等级，相间及边相对周围电气设备安全距离，应满足设计图纸要求。母线切割部位应进行打磨光滑，上下搭接部位应弯曲一端，保证其平滑过渡，搭接长度、连接螺孔大小、间距尺寸由搭接母线宽度确定，硬母线搭接部位钻孔后应打磨光滑。 （13）硬母线制作后按设计图纸要求，按电压等级在各相套上相应颜色热缩护套，包括软连接。 （14）搭接部位在硬母线接触面涂上电力复合脂，搭接面符合 GB 50149 的要求，就位后直线段及弯曲部位调整至自然状态，不存在局部受力现象，与设备接线板连接部位应力满足设计要求。 （15）连接螺栓应采用镀锌螺栓，所有连接螺栓应紧固并且按不同规格进行扭矩检测。母线平置安装时，贯穿螺栓应由下往上穿，螺母在上方；其余情况下，螺母应置于维护侧，连接螺栓长度宜高出螺母 2～3 扣。		（6）旋转方向不得正对其他设备和人。装设坚固的防护罩，无防护罩严禁使用。 （7）工件应牢固夹入工件夹内，应垂直于砂轮片轴向，严禁用力过猛撞击工件。 （8）高处作业时正确使用安全带，不得低挂高用

续表

编号	工艺名称	工艺流程	工艺标准及施工要点	验收标准	安全要点
12	矩形母线安装		（16）硬母线接头加装绝缘套后，应在绝缘套下凹处打排水孔，防止绝缘套下凹处积水，冬季结冰冻裂。 （17）根据设计要求，在硬母线的适当位置呈品字形安装接地挂线板		
13	断路器安装	1. 基础测量验收 2. 设备就位 3. 机构安装 4. SF_6充气 5. 机构调整	（1）基础中心距离误差、高度误差、预留孔或预埋件中心线误差均应小于或等于 10mm；基础预埋件上端应高出混凝土表面1～10mm；预埋螺栓中心线误差小于或等于 2mm，地脚螺栓高出基础顶面长度应符合设计和厂家要求，长度应一致。 （2）断路器的固定应牢固可靠，宜实现无调节垫片安装（厂家调节垫片除外），支架或底架与基础的垫片不宜超过 3 片，总厚度不应大于 10mm，各片间应焊接牢固。 （3）相间中心距离误差小于或等于 5mm。 （4）所有部件（包括机构箱）的安装位置正确，并按制造厂规定要求保持其应有的水平度或垂直度。 （5）瓷套外观完整，无裂纹。 （6）断路器本体及支架应两点接地，其两根接地引下线应分别与主接地网不同干线连接。接地线地面以上部分应采用黄绿接地标识，间隔宽度、顺序一致，最上面一道为黄色，接地标识宽度为 15～100mm。 （7）相色标识正确。 （8）断路器及其传动机构的联动正常，无卡阻现象，分、合闸指示正确，辅助开关及电气闭锁动作正确、可靠。 （9）均压环安装应无划拽、毛刺，安装牢固、平整、无变形；均压环宜在最低处打泄水孔。 （10）复测断路器基础中心距离误差、高度误差、预埋地脚螺栓高度和预埋件中心线误差。 （11）断路器开箱检查，检查断路器型号与设计图纸型号相符，附件应齐全、无锈蚀和机械损伤、密封良好，断路器瓷件无损伤，绝缘子支柱与法兰结合面胶合牢固并涂以性能良好的防水胶。	（1）断路器的固定应牢固可靠，支架或底架与基础的垫片不宜超过 3 片，其总厚度不应大于 10mm，各片间应焊接牢固。 （2）断路器相间中心距离误差小于或等于 5mm。 （3）所有部件（包括机构箱）的安装位置正确，并按制造厂的规定保持其应有的水平度或垂直度。 （4）瓷套外观完整，无裂纹。 （5）断路器接地牢固，导通良好。 （6）色相标示正确。 （7）断路器及其传动机构的联动正常，无卡阻现象，分、合闸指示正确，辅助开关及电气闭锁动作正确、可靠。 （8）基础中心距离误差、高度误差、预留孔或预埋件中心距离误差均应小于或等于 10mm，预留螺栓中心距离误差小于或等于 2mm，地脚螺栓高出基础顶面长度适当并一致。	（1）安装过程中运行吊车要缓慢，不能突然操作，防止碰坏设备。 （2）工作人员必须正确佩戴安全帽，穿好工作服，禁止穿拖鞋凉鞋或光脚进入工地，严禁酒后工作。 （3）设备开箱验收登记应齐全，对磁件轻拿轻放，并设专人监督开箱过程。 （4）吊装设备必须有专人指挥，吊装物下严禁有人通行，未经允许不可随意触碰操作现场设备。 （5）工作过程必须听从指挥人员指挥，严禁走入非工作区。

续表

编号	工艺名称	工艺流程	工艺标准及施工要点	验收标准	安全要点
13	断路器安装		（12）断路器支架安装，支架底部与基础面之间尺寸、支架上下螺母与垫片放置要求满足设计图纸要求。支架安装后找正时控制支架垂直度、顶面平整度，相间顶部平整度保持一致。尤其三相联动式断路器，门形支架安装过程中控制支架垂直度和支架上部横担水平度。 （13）应按产品的技术规定选用合适的吊装器具吊装。密封槽面应清洁，无划伤痕迹；已用过的密封垫（圈）不得使用；涂密封脂时，不得使其流入密封垫（圈）内侧而与 SF_6 气体接触。均匀对称紧固断口与支柱连接螺栓，紧固力矩符合产品要求。 （14）真空充气装置连接管道应清洁，抽真空达到产品要求的残压和抽真空时间（产品安装过程能维持 SF_6 气体预充压力可以不抽真空，由产品安装说明书确定）。 （15）SF_6 断路器安装前，必须按照规范要求对 SF_6 气体抽样送检，其气体参数应符合要求。现场测量 SF_6 气体含水量，每一瓶 SF_6 气体含水量均应符合要求。充气到额定压力，充气过程实施密度线电器报警、闭锁接点压力值检查，24h 后进行检测，推荐用塑料薄膜包扎密封面进行检测；48h 后进行微水含量测量，测量结果要满足规范要求。断路器充注 SF_6 气体时，应对 SF_6 气瓶进行称重，充入 SF_6 气体质量应符合产品技术文件要求。 （16）按产品电气控制回路图检查厂方接线正确性。按设计图纸进行电缆接线并核对回路设计与使用产品的符合性，验证回路接线的正确性。 （17）气室 SF_6 气体年泄漏率小于 1%	（9）应按产品的技术规定选用合适的吊装器具吊装断口，支柱与断口对准耦合，均匀对称紧固断口与支柱连接螺栓，紧固力矩符合产品要求。 （10）SF_6 断路器的气体参数应符合要求。 （11）安装时尤其需注意机构箱电缆出线是否与基础碰触，以免敷设电缆时挖开基础放管再回补。机构箱电缆孔正下方远离支架基础一定的距离；或土建做异形基础。 （12）为方便运行和检修，220kV 及以下断路器宜设置移动式操作平台但应校核平台至断路器绝缘零电位处的电气距离。 （13）在电气设备安装时，用水准仪及线坠检测，使设备安装横平竖直，最大程度地做到安装无附加垫片，牢固稳定	（6）安装设备时应有防止滚动压伤，碰伤工作人员的措施和滚动破坏设备的措施。 （7）工作应按照规程根据厂家提供资料及相关设备按照书籍资料按规程进行。 （8）上下隔离开关要用竹梯或人字梯，严禁直接攀爬，竹梯应有防滑措施。 （9）每日工作结束后必须清理工作现场，将工具放回仓库，做好防盗工作

续表

编号	工艺名称	工艺流程	工艺标准及施工要点	验收标准	安全要点
14	隔离开关安装	1．支架杆测量验收 2．设备就位 3．机构箱及埋管安装 4．连杆安装 5．隔离开关调整	（1）采用预埋螺栓与基础连接时，螺栓上部要求采用热镀锌形式，预埋螺栓中心线误差小于或等于2mm，全站内同类型隔离开关预埋螺栓顶面标高应一致。 （2）设备底座连接螺栓应紧固，同相绝缘子支柱中心线应在同一垂直平面内，同组隔离开关应在同一直线上，偏差小于或等于5mm。 （3）导电部分的软连接需可靠，无折损。 （4）接线端子应清洁、平整，并涂有电力复合脂。 （5）操动机构安装牢固，固定支架工艺美观，机构轴线与底座轴线重合，偏差小于或等于1mm，同一轴线上的操动机构安装位置应一致。 （6）电缆排列整齐、美观，固定与防护措施可靠。 （7）设备底座及机构箱接地牢固，导通良好。 （8）操作灵活，触头接触可靠，闭锁正确。 （9）操动机构、传动装置、辅助开关及闭锁装置应安装牢固，动作灵活可靠，位置指示正确。 （10）隔离开关过死点，动、静触头相对位置，备用行程及动触头状态，应符合产品技术文件要求。 （11）合闸三相同期值应符合产品的技术规定。 （12）均压环安装应无划痕、毛刺，安装牢固、平整、无变形；均压环宜在最低处打泄水孔。 （13）隔离开关支架应两点接地，其两根接地线应分别与主接地网不同干线连接。接地线地面以上部分应采用黄绿接地标识，接地标识的间隔宽度、顺序一致，最上面一道为黄色，接地标识宽度为15～100mm。 （14）相色标识正确，接地开关垂直连杆应黑色标识，全站标高应一致。	（1）设备底座连接螺栓应紧固，同相瓷柱中心线应在同一垂直平面内，同组隔离开关应在同一直线上，偏差小于或等于5mm。 （2）导电部分的可扰软连接需可靠，无折损。 （3）接线端子应清洁、平整，并涂有电力复合脂。 （4）电缆排列整齐、美观，固定与防护措施可靠，有条件时采用封闭桥架形式。 （5）设备底座及机构箱接地牢固，导通良好。 （6）隔离开关操作灵活，触头接触可靠，闭锁正确。	（1）如果隔离开关、闸刀型开关的刀闸处在断开位置，不得搬运，防止设备损坏，造成事故。 （2）断路器、气动低压断路器、传动装置或自动释放的断路器，在合闸位置和未锁好时，不得搬运设备防止设备损坏，造成事故。 （3）在调整断路器设备或传动装置时，必须有防止开关意外脱扣伤人的可靠措施。工作人员必须避开断路器可动部分的动作空间。 （4）对于液压、气动及弹簧操作机构，严禁在有压力和弹簧储能的状态下进行工作，防止人员受伤。 （5）放松或拉紧断路器的返回弹簧及自动释放弹簧时，应使用专用工具不得快速释放。

续表

编号	工艺名称	工艺流程	工艺标准及施工要点	验收标准	安全要点
14	隔离开关安装		（15）开箱检查接地开关附件应齐全，无锈蚀、变形，绝缘子支柱弯曲度应在规范允许的范围内，绝缘子支柱与法兰结合面胶合牢固并涂以性能良好的防水胶。瓷裙外观完好无损伤痕迹。 （16）隔离开关底座、绝缘子支柱、顶部动触头及接地开关静触头整体组装，组装过程隔离开关拐臂处于分闸状态，检查处理导电部分连接部件的接触面，清洁后涂以复合电力脂连接。触头接触氧化物清洁光滑后涂上薄层中性凡士林油。 （17）所有组装螺栓均紧固，并进行扭矩检测，隔离开关底座自带可调节螺栓时，将其调整至设计图纸要求尺寸，依据设计图纸确定底座主闸与接地开关方向，就位找正后紧固螺栓，所有安装螺栓力矩值符合产品技术要求。 （18）隔离开关调整： 1）接地开关转轴上的扭力弹簧或其他拉伸式弹簧应调整到操作力矩最小，并加以固定。 2）隔离开关、接地开关垂直连杆与隔离开关、机构间连接部分应紧固、垂直，焊接部位牢固、美观。 3）轴承、连杆及拐臂等传动部件机械运动应顺滑，转动齿轮应咬合准确，操作轻便灵活。 4）定位螺钉应按产品的技术要求进行调整，并加以固定。 5）所有传动部分应涂以适合当地气候条件的润滑脂。 6）电动操作前，应先进行多次手动分、合闸，机构应轻便、灵活，无卡涩，动作正常。 7）电动机的转向应正确，机构的分、合闸指示应与设备的实际分、合闸位置相符。垂直断口的隔离开关安装后应检查闸口间净距。 8）电动操作时，机构动作应平稳，无卡阻、冲击异常声响等情况。 （19）隔离开关底座与支架应用导体可靠连接，确保接地可靠	（7）操作机构安装牢固，固定支架工艺美观，机构轴线与底座轴线重合，偏差小于或等于1mm，同一轴线上的操作机构安装位置应一致。 （8）电缆保护管排列整齐、美观，固定与防护措施可靠，有条件时采用封闭桥架形式。封闭桥架统一采用不锈钢板制作，切割、弯折成矩形，安装边沿外翻并采用螺栓连接箱体。 （9）设备底座及机构箱接地牢固，导通良好，宜统一采用铜排，截面小，便于弯折和安装。 （10）主变压器中性点隔离开关安装，应尽可能选用中性点过电压保护成套装置，以简化安装。 （11）在电气设备安装时，用水准仪及线坠检测，使设备安装横平竖直，最大程度地做到安装无附加垫片，牢固稳定	（6）凡是能快速释放的断路器，初次动作时，不得快分快合，空气断路器初次动作时，应从低气压做起，施工人员应戴耳塞，并应事先通知附近的工作人员，特别是高空作业人员。 （7）在调整断路器、隔离开关及安装引线时，严禁攀登套管绝缘子。 （8）隔离开关在采用三相组合吊装时，应检查确认构架强度符合起吊要求时，才能进行工作。 （9）断路器、隔离开关安装时，在隔离刀刃及动作触头横梁范围内不得有人工作，防止刀刃伤人。 （10）SF_6断路器、组合电器进行充气时，施工人员一定要戴手套和口罩，如取出组合电气中的吸附物，施工人员必须戴橡胶手套、护目镜及防毒口罩等个人防护用品

续表

编号	工艺名称	工艺流程	工艺标准及施工要点	验收标准	安全要点
15	电流、电压互感器安装	1. 支架杆测晕验收 2. 设备就位 3. 设备固定 4. 电缆保护管敷设 5. 引线连接 6. 电缆敷设及接线	（1）设备外观清洁，铭牌标识完整、清晰，底座固定牢靠，受力均匀。设备安装垂直，误差小于或等于1.5mm/m。 （2）并列安装的设备应排列整齐，同一组互感器的极性方向一致。 （3）TA、TV、CVT支架接地引下线与接地网两处可靠连接，本体接地点应与设备支架可靠连接。接地线地面以上部分应采用黄绿接地标识，间隔宽度、顺序一致，最上面一道为黄色，接地标识宽度为15～100mm。 （4）电容式套管末屏可靠接地；TA备用绕组短接可靠并接地，CVT的套管末屏、TV的N墙、二次备用绕组一端应可靠接地。 （5）相色标识正确、美观。 （6）均压环安装应无划痕、毛刺，安装牢固、平整、无变形；均压环宜在最低处打泄水孔。 （7）吊装应选择满足相应设备的钢丝绳或吊带以及卸扣，TA吊装时吊绳应固定在吊环上起吊，吊装过程中用缆绳稳定，防止倾斜。 （8）电容式电压互感器必须根据产品成套供应的组件编号进行安装，不得互换，法兰间连接可靠（部分产品法兰间有连接线）。 （9）电流互感器安装时一次接线端子方向应符合设计要求。 （10）对电容式电压互感器具有保护间隙的，应根据出厂说明书要求检查并调整。 （11）油浸式互感器应无渗漏，油位正常并指示清晰，绝缘油指标符合规程和产品技术要求。 （12）SF_6气体绝缘互感器的密度继电器指示正常，SF_6气体含水量满足要求。气室SF_6气体年泄漏率小于1%。 （13）所有安装螺栓力矩值符合产品技术要求	（1）设备外观清洁，铭牌标志完整、清晰，底座固定牢靠，受力均匀。 （2）并列安装的应排列整齐，同一组互感器的极性方向一致。 （3）二次接线盒、铭牌等的朝向一致，并符合设计要求。 （4）设备本体与接地网两处可靠接地，电容式套管末屏、TV的N端、二次备用绕组一端可靠接地。 （5）相色标志正确。 （6）设备安装垂直误差小于或等于1.5mm/m，中心偏差小于或等于5mm。 （7）瓷套外观完整，无裂纹。 （8）所有连接螺栓需齐全、紧固。 （9）设备接地牢固可靠。 （10）在电气设备安装时，用水准仪及线坠检测，使设备安装横平竖直，最大程度地做到安装无附加垫片，牢固稳定	（1）安装所需工器具专业资质机构查验合格，在有效期内。 （2）专业安装人员持各专业资格证，且在有效期内。 （3）防止人身触电：检查电源箱的漏电开关是否失灵，破损的电源线禁止使用，由电工操作电源箱。 （4）机械伤害：挂设机械操作规程并严格执行，设专职的机械操作人员。 （5）制订合理的作业程序和机械车辆走行路线，现场设专人指挥、调度，并设立明显标志，防止相互干扰碰撞

续表

编号	工艺名称	工艺流程	工艺标准及施工要点	验收标准	安全要点
16	避雷器安装	1. 支架杆测晕验收 2. 设备就位 3. 设备固定 4. 电缆保护管敷设 5. 引线连接 6. 电缆敷设及接线	（1）瓷套外观完整，无裂纹。 （2）设备安装垂直，误差小于或等于 1.5mm/m。 （3）铭牌应位于易于观察的一侧，标识应完整、清晰。 （4）压力释放口方向合理。 （5）在线监测仪密封良好，动作可靠；安装位置一致，便于观察；接地可靠；计数器三相应调至同一值。 （6）所有连接螺栓需齐全、紧固。 （7）均压环安装应无划痕、毛刺，安装牢固、平整、无变形；均压环宜在最低处打泄水孔。 （8）接地牢固可靠、美观。 （9）吊装时吊绳应固定在吊环上，不得利用瓷钳起吊。 （10）必须根据产品成套供应的组件编号进行，不得互换，法兰间连接可靠（部分产品法兰间有连接线）。 （11）避雷器安装面应水平，并列安装的避雷器三相中心应在同一直线上，避雷器应安装垂直；避雷器就位时压力释放方向不得朝向巡检通道，逸出的气体不致引起相间闪络；并不得喷及其他电气设备。 （12）避雷器找正后紧固底座紧固件，所有安装螺栓力矩值符合产品技术要求。 （13）在线监测装置与避雷器连接导体超过 1m 时应设置绝缘支柱支撑；硬母线与放电计数器连接处应增加软连接。 （14）接地部位一处与接地线可靠连接，另一处与集中接地装置可靠连接（辅助接地）。 （15）放电计数器（在线监测装置）朝向应便于运行人员巡视，高度应满足安全要求	（1）设备外观清洁，铭牌标志完整、清晰，底座固定牢靠，受力均匀。 （2）铭牌等的朝向一致，并符合设计要求。 （3）相色标志正确。 （4）设备安装垂直误差小于或等于 1.5mm/m，中心偏差小于或等于 5mm。 （5）瓷套外观完整，无裂纹。 （6）避雷器压力释放口方向合理。 （7）所有连接螺栓需齐全、紧固。 （8）设备接地牢固可靠。 （9）避雷器安装时，用水准仪及线坠检测，使设备安装横平竖直，最大程度地做到安装无附加垫片，牢固稳定。 （10）避雷器安装时，必须根据产品成套供应的组件编号进行，不得互换，法兰间连接可靠（部分产品法兰间有连接线）	（1）施工人员必须具备必需的电器知识，掌握安装避雷器的操作技术，并熟悉所用工具的使用方法。 （2）施工前要检查好所用的劳保用品及工具都是合格完好的。 （3）安全带应系在线杆或牢固的构件上，不得系在线杆端头上。 （4）施工人员要戴好绝缘手套、穿好绝缘鞋，进行验电、放电、挂接地线。 （5）所有施工前都必须验电、放电、挂接地线确认线路已经断掉电后进行。 （6）所有施工人员必须服从负责人的统一指挥。 （7）施工时安全管理科需安排人员进行现场监督，安全负责人要严把安全关，搞好自保互保工作

续表

编号	工艺名称	工艺流程	工艺标准及施工要点	验收标准	安全要点
17	穿墙套管安装	1．穿墙套管安装 2．安装档距测量 3．母线制作 4．母线安装 5．调整固定	（1）同一平面或垂直面上的穿墙套管的顶面应位于同一平面上，其中心线位置应符合设计要求。 （2）安装穿墙套管的墙体应平整，孔径应比嵌入部分大 5mm 以上，混凝土安装板的最大厚度不得超过 50mm。 （3）穿墙套管直接固定在钢板上时，套管周围不应形成闭合电磁回路。 （4）穿墙套管垂直安装时，法兰应在上方；水平安装时，法兰应在外侧。 （5）600A 及以上母线穿墙套管端部的金属夹板（紧固件除外）应采用非磁性材料，其与母线之间应有金属相连，接触应稳固，金属夹板厚度不应小于 3mm，当母线为两片及以上时，母线本身间应予以固定。 （6）对穿墙套管预留孔洞大小、三相水平度结合设计图纸进行复测，孔洞埋件应满足要求。 （7）容量大于 1500A 的穿墙套管的固定基板应有防止磁涡流的措施。穿墙套管预留孔洞安装钢板焊接时，钢板焊接前应有一道使整块钢板不形成闭合磁路的缝隙，该缝隙应采用非磁性材料封堵严密，安装钢板与埋件焊接牢固，钢板与孔洞缝隙封堵严实，且钢板应可靠接地。 （8）穿墙套管就位前应检查外部瓷裙完好无损伤，中间钢板与瓷件法兰结合面胶合牢固，并涂以性能良好的防水胶。 （9）如导电杆为铜材，其与母线的搭接面应进行搪锡处理。穿墙套管安装时按设计要求区分室内、外部分，正确穿入并使用镀锌螺栓连接，紧固牢固。 （10）对安装钢板与预留孔洞缝隙进行封堵时，注意穿墙套管底座或法兰盘不得埋入混凝土或抹灰层内。 （11）采用热缩套进行防护时，热缩套的规格（包括电压等级）应与导电杆及母线配套。加装绝缘套后，应在绝缘套下凹处打泄水孔，防止绝缘套下凹处积水，冬季结冰冻裂	（1）同一平面或垂直面上的穿墙套管的顶面应位于同一平面上，其中心线位置应符合设计要求。 （2）穿墙套管直接固定在钢板上时，套管周围不得形成闭合磁路。 （3）穿墙套管垂直安装时，法兰应向下，水平安装时，法兰应在外。 （4）600A 及以上母线穿墙套管端部的金属夹板（紧固件除外）应采用非磁性材料，其与母线之间应有金属相连，接触应稳固，金属夹板厚度不应小于 3mm。当母线为两片及以上时，母线本身间应予以固定。 （5）同一平面或垂直面上的母线穿墙套管的顶面应位于同一平面上，其中心线位置应符合设计要求。 （6）安装母线穿墙套管的孔径应比嵌入部分大 5mm 以上，混凝土安装板的最大厚度不得超过 50mm。 （7）穿墙套管底座或法兰盘不得埋入混凝土或抹灰层内	（1）砂轮机切割管道时严禁戴手套。 （2）氧气瓶与乙炔距明火的距离大于 10m，相互间距不应小于 5m，夏季还应采取防晒。 （3）乙炔表及皮管必须完好，乙炔表上必须装设回火。气焊严禁使用未安装减压器的氧气瓶进行作业。 （4）使用的工具、材料要放稳、放好，以免坠落伤人。施工现场禁止吸烟。焊工要持证上岗，上岗证或复印件随身携带，以备检查。 （5）现场文明施工，材料、工具不能乱丢乱放，工完场清

续表

编号	工艺名称	工艺流程	工艺标准及施工要点	验收标准	安全要点
18	组合电器（GIS）安装	1．基础测量验收 2．设备就位 3．设备调整固定 4．引线连接	（1）设备基础及预埋件的允许偏差：三相共一基础标高小于或等于2mm，每相独立基础时，同相小于或等于2mm，相间小于或等于2mm；相邻间隔基础标高小于或等于5mm；同组间中心线小于或等于1mm，预埋件表面标高，相邻预埋件标高小于或等于2mm，并且高于基础表面1～10mm或更少；预埋螺栓中心线小于或等于2mm；室内安装时断路器各组中相与其他设备 x、y 轴误差小于或等于5mm；220kV及以下室内、外设备基础标高误差小于或等于5mm，220kV及以上室内、外设备基础标高误差小于或等于10mm；室、内外设备基础与y轴线误差小于或等于5mm。 （2）组合电器应可靠固定。调整垫片或调整螺栓应用符合产品和规范要求。 （3）电气连接可靠，且接触良好。 （4）组合电器及其传动机构的联动正常，无卡阻现象，分、合闸指示正确，辅助开关及电气闭锁动作正确可靠。 （5）支架及接地引线应无锈蚀和损伤，接地应良好。 （6）气室隔断标识完整、清晰。 （7）电缆及二次接线排列整齐、美观，固定与防护措施可靠，有条件时采用封闭桥架形式。 （8）油漆应完整，相色标识正确。 （9）组合电器的外套筒法兰连接处应作可靠跨接或确保法兰间的良好接触。 （10）GIS分支母线三相汇流母线连接符合产品及设计要求，并就近接入主接地网。 （11）安装伸缩调整装置和温度补偿伸缩调整装置定位合理、正确（根据厂家要求）。 （12）GIS设备基础及预埋件平整度复测、平行预埋件直度、平整度复测。	（1）要求设备基础： 1）相间标高误差，电压等级为220kV以下小于或等于2mm，220kV及以上小于或等于5mm。 2）同相标高误差小于或等于2mm。 3）同组间 x、y 轴线误差小于或等于1mm。 4）断路器各组中相 x、y 轴与电器室 x、y 轴线及其他设备 x、y 轴线误差，220kV以下小于或等于3mm，220kV及以上小于或等于5mm。 5）电器室 y 轴与室内外设备基础 y 轴误差小于或等于5mm。 6）地基表面，相邻基础埋件误差小于或等于2mm，全部基础埋件误差小于或等于5mm。 （2）部件装配应在无风沙、无雨雪、空气相对湿度小于80%的条件下进行，并根据产品要求严格采取防尘、防潮措施。 （3）应按产品的技术规定选用合适的吊装器具并合理使用吊点，不得损伤设备表面。	（1）安装所需工器具专业资质机构查验合格，在有效期内。 （2）专业安装人员持各专业资格证，且在有效期内。

续表

编号	工艺名称	工艺流程	工艺标准及施工要点	验收标准	安全要点
18	组合电器（GIS）安装		（13）设备本体、母线组装： 1）部件装配应在无风沙、无雨雪、空气相对湿度小于80%的条件下进行，并根据产品要求严格采取防尘、防潮措施。 2）应按制造厂的编号和规定的程序进行装配，不得混装。 3）各个气室预充压力检查必须符合产品技术要求。 4）应对可见的触头连接、支撑绝缘件和盘式绝缘子进行检查，应清洁无损伤。 5）GIS元件拼装前，应用清洁无纤维白布或不起毛的擦拭纸、吸尘器（尤其是内壁、对接面）清理干净；盆式绝缘子应清洁、完好。 6）法兰对接前应先对法兰面、密封槽及密封圈进行检查，法兰面及密封槽应光洁、无损伤，对轻微伤痕可平整。密封面、密封圈用清洁无纤维裸露白布或不起毛的擦拭纸蘸无水酒精擦拭干净。密封圈应确认规格正确，然后在空气一侧均匀地涂密封剂，涂完密封剂应立即接口或盖封板，并注意不得使密封剂流入密封圈内侧。 7）对接过程测量法兰间隙距离均匀。连接完毕相间对称地拧紧螺栓，所有螺栓的紧固均应使用力矩扳手，其力矩值应符合产品的技术规定。 8）母线安装时，应先检查表面及触指有无生锈、氧化物、划痕及凹凸不平处。如有，则采用砂纸将其处理干净平整，并用清洁无纤维裸露白布或不起毛的擦拭纸沾无水酒精洗净触指内部，在触指上涂上很薄的一层电力复合脂，如不立即安装，应先用塑料纸将其包好。安装时将母线放在专用小车上，推进母线筒到刚好与触头座接触上，然后用母线插入工具，将母线完全推进触头座内；垂直母线采用专用工具进行安装。母线对接应通过观察孔或其他方式进行检查和确认。 9）套管的吊装。一般宜采用专用工具和吊带进行起吊，以保护瓷套管不受损伤。 10）伸缩节安装长度符合产品技术文件要求。	（4）支架安装的平整度应符合产品技术要求；支架或底架与基础的水平高度调整宜采用产品提供的调整垫片。 （5）应按制造厂的编号和规定的程序进行装配，不得混装。 （6）组合电器地脚应可靠固定，一般在组装完成后进行固定，固定方式有焊接和预埋螺栓： 1）预埋螺栓工艺要求。预埋螺栓中心线的误差不应大于2mm。同类型设备地脚螺栓露出长度一致，地脚螺栓上部采用热锁锌形式。 2）焊接工艺要求。底座与预埋钢板（预埋钢板厚度宜大于25mm）的焊接应满足厂家要求，焊接面应饱满、均匀。 （7）组装后的支架应进行校正，垂直误差不大于1‰H（H为支架总高度），最大应不大于3mm，同一平面的支架水平误差不大于5mm。	（3）防止人身触电：检查电源箱的漏电开关是否失灵，破损的电源线禁止使用，由电工操作电源箱。 （4）机械伤害：挂设机械操作规程并严格执行，设专职的机械操作人员。

续表

编号	工艺名称	工艺流程	工艺标准及施工要点	验收标准	安全要点
18	组合电器（GIS）安装		（14）真空处理、注 SF_6气体： 1）充注前，充气设备及管路应洁净、无水分、无油污；管路连接部分应无渗漏；吸附剂的更换方式、时间应符合产品技术要求。 2）气体充入前应按产品的技术规定对设备内部进行真空处理，真空残压及保持时间应符合产品要求；抽真空时，应采用带有抽气止回阀的真空泵，以防止突然停电或因误操作而引起破坏真空事故。 3）真空泄漏检查方法应按产品说明书的要求进行。 4）气室预充有 SF_6气体，且含水量检验合格时，可直接补气。SF_6 气体充注前，必须按照规范要求对 SF_6气瓶抽样送检，其气体参数应符合要求。现场测量 SF_6气体含水量，每一瓶 SF6 气体含水量均应符合要求。充气至略高于额定压力，充气过程实施密度继电器报警、闭锁接点压力值检查。 5）充注 SF_6气体时，应对 SF_6气瓶进行称重，充入 SF_6气体质量应符合产品技术文件要求。 6)设备内 SF_6气体漏气率应符合规范和产品技术要求。基本要求各个独立气室 SF_6 气体年泄漏率小于 1%。检漏方法符合产品说明书要求，通常采用内部压力检测比对与包扎检漏相结合的方法。 （15）电缆排列与二次接线： 1）电缆排列整齐、美观，固定与防护措施可靠，有条件时采用封闭桥架形式。 2）按照设计图纸和产品图纸进行二次接线，核对设计图纸、产品图纸与实际装置是否符合。 （16）检查确认 GIS 中断路器、隔离开关、接地开关的操动机构的联动应正常、无卡阻现象；分合闸指示应正确；辅助开关及电气闭锁应正确、可靠。 （17）密度继电器的报警、闭锁值应符合规定，电气回路传动应正确。 （18）闭锁检查：“就地、远方”，“电动、手动”等各种闭锁关系正确。 （19）核对安装伸缩调整装置和温度补偿伸缩调整装置定位符合产品要求	（8）电气一次部件连接可靠，且接触良好，二次电缆接线排列整齐、美观，固定与防护措施完善。 （9）在电气设备安装时，用水准仪及线坠检测，使设备安装横平竖直，最大程度地做到安装无附加垫片，牢固稳定。 （10）电气连接可靠，且接触良好。 （11）组合电器及其传动机构的联动正常，无卡阻现象，分、合闸指示正确，辅助开关及电气闭锁动作正确可靠。 （12）支架及接地引线应无锈蚀和损伤，接地应良好。 （13）油漆应完整，相色标志正确	（5）防止高处落物：工人进入施工现场按要求戴好安全帽，向上传递物品时严禁上抛，需用工具袋传递。 （6）吊装、高处坠落：使用合格的吊具，吊装下方不得站人，作业人员应听从统一指挥，身体不能在夹缝内，作业人员应使用安全带

续表

编号	工艺名称	工艺流程	工艺标准及施工要点	验收标准	安全要点
19	干式电抗器安装	1. 基础测量验收 2. 设备就位 3. 附件安装 4. 真空注油 5. 油循环 6. 引线连接	（1）钢管支架标高偏差小于或等于 5mm，垂直度偏差小于或等于 5mm，轴线偏差小于或等于 5mm，顶面水平度偏差小于或等于 2mm，间距偏差小于或等于 5mm。 （2）支柱完整、无裂纹，固定可靠；绕组无变形，绝缘漆完好。 （3）电抗器重量应均匀地分配于所有支柱绝缘子上。 （4）新安装干式空芯电抗器时，不应采用叠装结构，避免电抗器单相事故发展为相间事故。 （5）电抗器底座应接地，其支柱不得形成导磁回路，接地线不应成闭合环路。 （6）电抗器基础内钢筋、底层绝缘子的接地线及金属围栏，不应通过自身和接地线构成闭合回路。 （7）网栏安装平整牢固，防腐完好，宜采用耐腐蚀材料。当采用金属围栏时，金属围栏应设明显断开点和接地点。 （8）中性汇流母线刷淡蓝色漆。 （9）基础和支架安装： 1）基础轴线偏移量和基础杯底标高偏差应在规范允许范围内，依据设计图纸复测预埋件位置偏差。 2）低压电抗器用钢管支架、混凝土支架按设计的要求做好隔磁措施，防止电抗器漏磁形成环流，引起支架发热和损耗。 3）设备支架底部参照设计图纸，如底部有槽钢件，应先将槽钢件与支架螺栓连接，安装过程控制支架顶面标高偏差、垂直度、轴线偏差、顶面水平度、间距偏差，调整好将底部槽钢件与基础预埋件进行点焊固定。 4）根据支架标高和支柱绝缘子长度综合考虑，使支柱绝缘子标高误差控制在 5mm 以内。 （10）电抗器安装： 1）电抗器和支撑式安装的阻波器主绕组，其重量应均匀地分配于所有支柱绝缘子上。找平时，允许在支柱绝缘子底座下放置钢垫片，但应固定牢靠。 2）电抗器设备接线端子的方向必须与施工图纸方向一致。	（1）支柱完整、无裂纹，固定可靠；绕组无变形，绝缘漆完好。 （2）电抗器重量应均匀地分配于所有支柱绝缘子上。 （3）电抗器支柱的底座应接地，支柱的接地线不应成闭合环路。 （4）支柱绝缘子支架标高偏差小于或等于 5mm，垂直度偏差小于或等于 5mm，顶面水平度偏差小于或等于 2mm/m。 （5）垂直安装的电抗器，应按照产品说明书的要求进行安装，各相中心线应一致。	（1）安装所需工器具专业资质机构查验合格，在有效期内。 （2）专业安装人员持各专业资格证，且在有效期内。 （3）防止人身触电：检查电源箱的漏电开关是否失灵，破损的电源线禁止使用，由电工操作电源箱。 （4）机械伤害：挂设机械操作规程并严格执行，设专职的机械操作人员。

续表

编号	工艺名称	工艺流程	工艺标准及施工要点	验收标准	安全要点
19	干式电抗器安装		（11）接地施工： 1）电抗器支柱的底座均应接地，宜采用非磁性材料，支柱的接地线不应成闭合环路，同时不得与地网形成闭合环路。 2）磁通回路内不应有导体闭合回路。 3）当额定电流超过 1500A 及以上时，引出线应采用非磁性金属材料制成的螺栓进行固定。 （12）网栏与设备间距离符合设计要求	（6）接线端子的方向必须与设计图纸一致。 （7）电抗器支柱的底座应接地，支柱的接地线不应成闭合环路。 （8）支架宜采用玻璃钢支架	（5）防止高处落物：工人进入施工现场按要求戴好安全帽，向上传递物品时严禁上抛，需用工具袋传递。 （6）吊装、高处坠落：使用合格的吊具，吊装下方不得站人，作业人员应听从统一指挥，身体不能在夹缝内，作业人员应使用安全带
20	装配式电容器安装	1．基础测量验收 2．设备就位 3．设备连接固定 4．引线连接	（1）混凝土基础及埋件表面平整，水平误差小于或等于 2mm，*x*、*y* 轴线误差小于或等于 5mm。 （2）基础槽钢应经热镀锌处理，预埋件采用两边满焊，焊缝应经防腐处理，其顶面标高误差小于或等于 3mm。 （3）框架组件平直，长度误差小于或等于 2mm/m，连接螺孔应可调。 （4）每层框架水平度误差小于或等于 3mm，对角误差小于或等于 5mm。 （5）总体框架水平度误差小于或等于 5mm，垂直误差小于或等于 5mm，防腐完好。 （6）电容器的配置应使铭牌面向通道一侧，并有顺序编号。 （7）电容器应便于更换，其外壳与固定电位连接牢固可靠。 （8）避雷器在线监测仪安装应便于观测。 （9）网栏安装平整牢固，防腐完好。当采用金属围栏时，金属围栏应设明显接地。 （10）电容器的硬母线连接应注意满足膨胀的要求，放电绕组或互感器的接线端子和电缆头应采取防雨水进入的保护措施，电容器的接线螺栓紧固后应设置标记漆线。 （11）中性汇流母线刷淡蓝色漆。	（1）基础槽钢应经热锁锌处理，与埋件采用两边满焊，焊缝应经防腐处理，其顶面标高误差小于或等于 3mm。 （2）框架组件平直，长度误差小于或等于 2mm/m，连接螺孔应可调。 （3）每层框架水平误差小于或等于 3mm，对角误差小于或等于 5mm。 （4）总体框架水平误差小于或等于 5mm，垂直误差小于或等于 5mm，防腐完好。 （5）电容器应便于更换，其外壳与固定电位连接牢固可靠（内部工艺要求由制造厂提出）。 （6）熔断器排列整齐，倾斜角度符合产品要求，指示器位置正确。 （7）放电绕组瓷套无损伤，相色正确，接线牢固美观。	（1）安装所需工器具专业资质机构查验合格，在有效期内。 （2）专业安装人员持各专业资格证，且在有效期内。 （3）防止人身触电：检查电源箱的漏电开关是否失灵，破损的电源线禁止使用，由电工操作电源箱。 （4）机械伤害：挂设机械操作规程并严格执行，设专职的机械操作人员。

续表

编号	工艺名称	工艺流程	工艺标准及施工要点	验收标准	安全要点
20	装配式电容器安装		（12）复测基础预埋件位置偏差、平整度误差。 （13）就位前检查每只电容器外观、套管引线端子及与电容器连接结合部位有无渗油现象，每只电容器整体密封严密。外壳无变形、锈蚀、剐蹭痕迹。 （14）电容器组和辅助设备安装： 1）电容器组安装前应根据单个电容器容量的实测值，进行三相电容器组的配对，确保三相容量差值小于或等于5%。参照设计图纸核对电容器高压侧朝向，底层电容器支柱绝缘子有槽钢件提前连接好槽钢件，就位后用水平尺检查水平度，调平后将槽钢件与预埋件焊接并做防腐，安装后各只电容器铭牌、编号应在通道侧，顺序符合设计，相色完整。电容器外壳与固定电位连接应牢固可靠。 2）熔断器安装排列整齐，倾斜角度应符合产品要求。指示器位置正确。 3）放电绕组瓷套无损伤，相色正确，接线牢固美观，接地良好。 4）电容器组一次连线应符合设计与设备技术要求。 （15）网栏与设备间距离符合设计要求，且应可靠接地。 （16）电容器底层槽钢件与主接地网可靠连接。 （17）引出端子与导线连接可靠，并且不受额外应力	（8）接地开关操作灵活。 （9）避雷器在线监测仪接线正确。 （10）所有基础槽钢均应用锁锌扁钢连通，并至少有两点与主接地网连接，槽钢与接地引线焊接连接。 （11）基础槽钢应经热锁锌处理，与埋件采用两边满焊，焊缝应经防腐处理，其顶面标高误差小于或等于3mm。 （12）网门应装设行程开关，并需装电磁锁或机械编码锁。对于活动式网门上的电缆应采用多股软铜线电缆。 （13）在电气设备安装时，用水准仪及线坠检测，使设备安装横平竖直，最大程度地做到安装无附加垫片，牢固稳定	（5）防止高处落物：工人进入施工现场按要求戴好安全帽，向上传递物品时严禁上抛，需用工具袋传递。 （6）吊装、高处坠落：使用合格的吊具，吊装下方不得站人，作业人员应听从统一指挥，身体不能在夹缝内，作业人员应使用安全带
21	屏、柜安装	1. 基础测量验收 2. 盘柜就位 3. 盘柜位置调整及固定 4. 电缆敷设 5. 电缆绑扎固定 6. 二次电缆接线	（1）基础型钢允许偏差：不直度小于1mm/m，全长不直度小于5mm；水平度小于1mm/m，全长水平度小于5mm。位置误差及不平行度全长小于5mm。 （2）基础型钢顶部宜高出抹平地面10mm。 （3）屏、柜体底座与基础连接牢固，导通良好，可开启屏门用软铜导线可靠接地。 （4）屏、柜面平整，附件齐全，门销开闭灵活，照明装置完好，屏、柜前后标识齐全、清晰。 （5）屏、柜体垂直度误差小于1.5mm/m，相邻两柜顶部水平度误差小于2mm，成列柜顶部水	（1）盘、柜体底座与基础连接牢固，导通良好，可开启屏门用软铜导线可靠接地。 （2）盘、柜面平整，附件齐全，门销开闭灵活，照明装置完好，盘、柜前后标识齐全、清晰。 （3）盘、柜体垂直度误差小于1.5mm/m，相邻两柜顶部水平误差小于2mm，成列柜顶部水平误差小于5mm；相邻两柜盘面误差小于1mm，成列柜面盘面误差小于5mm，相间接缝误差小于2mm。	（1）安装所需工器具专业资质机构查验合格，在有效期内。 （2）专业安装人员持各专业资格证，且在有效期内。 （3）防止人身触电：检查电源箱的漏电开关是否失灵，破损的电源线禁止使用，由电工操作电源箱。 （4）机械伤害：挂设机械操作规程并严格执行，设专职的机械操作人员。

续表

编号	工艺名称	工艺流程	工艺标准及施工要点	验收标准	安全要点
21	屏、柜安装		平度误差小于 5mm；相邻两柜盘面误差小于 1mm，成列柜面盘面误差小于 5mm，盘间接缝误差小于 2mm。 （6）屏、柜的漆层应完整无损伤；所有屏柜外壳采用统一厂家制作，屏柜外形尺寸、颜色、各部件型号统一。 （7）屏、柜内母线或继保屏屏顶小母线相间与对地距离符合规范要求。 （8）屏、柜基础平行预埋槽钢垂直度偏差、平行间距误差、单根槽钢平整度及平行槽钢整体平整度误差复测，核对槽钢预埋长度与设计图纸是否相符，检查电缆孔洞应与盘柜匹配，复查槽钢与接地网是否可靠连接。 （9）屏、柜安装前，检查外观面漆应无明显剐蹭痕迹，外壳无变形，屏、柜面和门把手完好，内部电气元件固定无松动。 （10）屏、柜安装前，依据设计图纸核对每面屏、柜在室内安装位置，与预埋槽钢间螺栓连接（不得与基础预埋槽钢焊死），第一面屏、柜安装后调整好屏、柜垂直和水平紧固底部与槽钢连接螺栓。 （11）相邻配电屏、柜每列已组立好第一面屏、柜为齐，使用厂家专配并柜螺栓连接，调整好屏、柜之间缝隙后紧固底部连接螺栓和相邻屏、柜连接螺栓，紧固件应经防腐处理，所有安装螺栓紧固可靠。 （12）屏顶小母线应设置防护措施，屏顶引下线在屏顶穿孔处有胶套或绝缘保护	（4）屏柜（箱）基础型钢垂直度、尺寸、水平应控制在电气施工规范要求内，成列屏基础型钢两端与接地网应可靠连接。 （5）屏、柜安装时，其垂直度、水平偏差及屏、柜面偏差和屏柜间接缝的允许偏差应符合要求	（5）防止高处落物：工人进入施工现场按要求戴好安全帽，向上传递物品时严禁上抛，需用工具袋传递。 （6）吊装、高处坠落：使用合格的吊具，吊装下方不得站人，作业人员应听从统一指挥，身体不能在夹缝内，作业人员应使用安全带
22	端子箱安装		（1）箱柜安装垂直（误差小于或等于 1.5mm/m）、牢固、完好，无损伤。 （2）箱柜底座框架及本体接地可靠，可开启门应用软铜导线可靠接地。 （3）成列箱柜应在同一轴线上。 （4）电缆排列整齐、美观，固定与防护措施可靠。 （5）复测基础面平整度、埋件位置应分布在基础四角，尺寸与设计图纸相符，与电缆沟之间预留有喇叭口或预埋管道，复测同	同工艺标准	（1）安装所需工器具专业资质机构查验合格，在有效期内。 （2）专业安装人员持各专业资格证，且在有效期内。 （3）防止人身触电：检查电源箱的漏电开关是否失灵，破损的电源线禁止使用，由电工操作电源箱。 （4）机械伤害：挂设机械操作规程并严格执行，设专职的机械操作人员。

续表

编号	工艺名称	工艺流程	工艺标准及施工要点	验收标准	安全要点
22	端子箱安装		间隔内或出线间隔同位置端子箱基础是否在同一轴线上。 （6）端子箱安装前检查外观应无变形、划痕，并有可靠的防水、防尘、防潮措施。如端子箱材质采用镜面不锈钢，建议出厂保留板材覆膜，安装完成后及时撕除，加强成品保护，以确保表面光洁度。 （7）端子箱与基础埋件可自加工框架放置在端子箱与基础面之间，该框架底部尺寸应与端子箱底座相匹配，与端子箱螺栓连接时，采用不小于 $4mm^2$ 多股铜芯线跨接，确保底座框架可靠接地。底座框架与基础埋件焊接，如无预埋件可采用膨胀螺栓固定，膨胀螺栓定位参照端子箱底部安装孔尺寸在基础上定位。 （8）端子箱安装前确定其正面朝向，参考设计图纸要求，方便巡视及检修正面一般朝向巡视小道或电缆沟，端子箱接地材料选用应符合设计要求，就近与主网连接。 （9）电缆线与加热器应保持一定距离，加热器的接线端子应在加热器下方		（5）防止高处落物：工人进入施工现场按要求戴好安全帽，向上传递物品时严禁上抛，需用工具袋传递。 （6）吊装、高处坠落：使用合格的吊具，吊装下方不得站人，作业人员应听从统一指挥，身体不能在夹缝内，作业人员应使用安全带
23	二次回路接线		（1）屏柜内配线电流回路应采用电压不低于 500V 的铜芯绝缘导线，其截面面积不应小于 $2.5mm^2$；其他回路截面面积不应小于 $1.5mm^2$。 （2）连接门上的电器等可动部位的导线应采用多股软导线，敷设长度应有适当裕度；线束应有外套、塑料管等加强绝缘层；与电器连接时，端部应绞紧，并应加终端附件或搪锡，不得松散、断股；在可动部位两端应用卡子固定。 （3）电缆无交叉，固定牢固，不得使端子排受到机械应力。 （4）芯线按垂直或水平有规律地配置，排列整齐、清晰、美观，回路编号正确，绝缘良好，无损伤。 （5）强、弱电回路，双重化回路，交直流回路不应使用同一根电缆，并应分别成束分开排列。 （6）二次回路接地端应接至专用接地铜排	同工艺标准	（1）安装所需工器具专业资质机构查验合格，在有效期内。 （2）专业安装人员持各专业资格证，且在有效期内。 （3）防止人身触电：检查电源箱的漏电开关是否失灵，破损的电源线禁止使用，由电工操作电源箱。 （4）机械伤害：挂设机械操作规程并严格执行，设专职的机械操作人员。 （5）防止高空落物：工人进入施工现场按要求戴好安全帽，向上传递物品时严禁上抛，需用工具袋传递。 （6）吊装、高处坠落：使用合格的吊具，吊装下方不得站人，作业人员应听从统一指挥，身体不能在夹缝内，作业人员应使用安全带

续表

编号	工艺名称	工艺流程	工艺标准及施工要点	验收标准	安全要点
23	二次回路接线		（7）直线型接线方式应保证直线段水平，间距一致；S形接线方式应保证S弯弧度一致。 （8）芯线号码管长度一致，字体向外。 （9）核对电缆型号必须符合设计，电缆剥除时不得损伤电缆芯线。 （10）电缆号牌、芯线和所配导线端部的回路编号应正确，字迹清晰且不易褪色。 （11）芯线接线应准确、连接可靠，绝缘符合要求，盘柜内导线不应有接头，导线与电气元件间连接牢固可靠。 （12）宜先进行二次配线，后进行接线。每个接线端子每侧接线宜为1根，不得超过2根。对于插接式端子，不同截面的两根导线不得接在同一端子上；插入的电缆芯剥线长度适中，铜芯不外露。对于螺栓连接端子，需将剥除护套的芯线弯圈，弯圈的方向为顺时针，弯圈的大小与螺栓的大小相符，不宜过大，当接两根导线时，中间应加平垫片。 （13）引入屏柜、箱内的铠装电缆应将钢带切断，切断处的端部应扎紧，钢带应在端子箱一点接地，至保护室的控制电缆屏蔽层在始末两端分别接地，其余短电缆屏蔽层一端接地。 （14）备用芯预留长度应满足接至端子排最远端子的要求，应套标有电缆编号的号码管，且线芯不得裸露。 （15）多股软芯线应压接插入式铜端子或搪锡后接入端子排。 （16）接到端子排的电缆芯线应加号码管，字迹应牢固清晰。 （17）装有静态保护和控制装置屏柜的控制电缆，其屏蔽层接地线应采用螺栓接至专用接地铜排。 （18）每个接地螺栓上所引接的屏蔽接地线鼻不得超过两根，每个接地线鼻压线不得超过6根		

续表

编号	工艺名称	工艺流程	工艺标准及施工要点	验收标准	安全要点
24	蓄电池安装		（1）蓄电池应排列整齐，高低一致，放置平稳。蓄电池之间的间隙应均匀一致。 （2）蓄电池需进行编号，编号清晰、齐全。 （3）蓄电池间连接线连接可靠，整齐、美观。 （4）蓄电池上部或蓄电池端子上应加盖绝缘盖，以防止发生短路。 （5）蓄电池电缆引出线正极为赭色（棕色），负极为蓝色。 （6）两组蓄电池组间应采取防火隔爆措施。 （7）支架固定牢靠，水平度误差小于或等于5mm；额定电压为220V 及以下的蓄电池台架可以不接地。 （8）蓄电池组与直流屏之间连接电缆的预留孔洞位置适当，以使电缆走向合理、美观。 （9）蓄电池的安装顺序必须按照设计图纸或厂家图纸及提供的连接排（线）情况进行。 （10）蓄电池组各级电池之间连接线搭接处清洁后涂电力复合脂，并用力矩扳手紧固，力矩大小符合厂家要求。 （11）蓄电池连接的同时，将单体电池的采样线同步接入，接入前确认采样装置侧已接入，以免发生短路；采样线排列整齐，工艺美观	（1）蓄电池应排列一致、整齐，放置平稳。 （2）蓄电池需进行编号，编号清晰、齐全。 （3）蓄电池间连接线连接可靠，整齐、美观。 （4）蓄电池上部或蓄电池端子上应加盖绝缘盖，以防止发生短路。 （5）蓄电池支架要求固定牢靠，水平度误差小于或等于5mm。 （6）蓄电池组与直流屏之间连接电缆的预留孔洞位置适当，以使电缆走向合理、美观。 （7）蓄电池的安装必须按照设计图纸或厂家图纸及提供的连接排（线）情况进行。 （8）蓄电池组各级电池之间连接线搭接处清洁后涂电力复合脂，并用力矩扳手紧固，力矩大小应符合厂家的要求。 （9）蓄电池连接的同时，将单体电池的采样线同步接入，接入前确认采样装置侧已接入，以免发生短路；采样线排列整齐，工艺美观。 （10）蓄电池组安装应平稳，间距均匀，高低一致，排列整齐。蓄电池接线端子上方加装保护罩，避免导线外露。蓄电池组的编号与监测装置内的编号一致	（1）安装所需工器具专业资质机构查验合格，在有效期内。 （2）专业安装人员持各专业资格证，且在有效期内。 （3）防止人身触电：检查电源箱的漏电开关是否失灵，破损的电源线禁止使用，由电工操作电源箱。 （4）机械伤害：挂设机械操作规程并严格执行，设专职的机械操作人员。 （5）防止高处落物：工人进入施工现场按要求戴好安全帽，向上传递物品时严禁上抛，需用工具袋传递。 （6）吊装、高处坠落：使用合格的吊具，吊装下方不得站人，作业人员应听从统一指挥，身体不能在夹缝内，作业人员应使用安全带

续表

编号	工艺名称	工艺流程	工艺标准及施工要点	验收标准	安全要点
25	电缆保护管配置及敷设工程	1．电缆敷设布置设计 2．电缆敷设 3．电缆整理 4．电缆绑扎固定	（1）热镀锌钢管外观镀锌层完好，无穿孔、裂缝和显著的凸凹不平，内壁光滑。金属软管两端的固定卡具（管箍、短接头、胶圈、衬管、外帽）应齐全。 （2）保护管的内径与电缆外径之比不得小于1.5。 （3）每根电缆管的弯头不应超过3个，直角弯不应超过2个。弯制后，不应有裂缝和显著的凹瘪现象，其弯扁程度不宜大于管子外径的10%；电缆管的弯曲半径不应小于所穿入电缆的最小允许弯曲半径；保护管的弯制角度应大于90°。 （4）明敷电缆管应安装牢固，横平竖直，管口高度、弯曲弧度一致。支点间距离不宜超过3m。当塑料管的直线长度超过30m时，宜加装伸缩节；非金属类电缆管宜采用预制的支架固定，支架间距不宜超过2m。 （5）直埋保护管埋设深度应大于700mm。 （6）引至设备的电缆管管口位置，应便于与设备连接并不妨碍设备拆装和进出。并列敷设的电缆管管口应排列整齐，高度一致。 （7）电缆管应有不小于0.1%的排水坡度。 （8）电流、电压互感器等设备的金属管从一次设备的接线盒（箱）引至电缆沟，应将金属管的上端与设备的底座和金属外壳良好焊接。 （9）二次电缆穿管敷设时电缆不应外露。 （10）材质要求：保护管宜采用热镀锌钢管、金属软管或硬质塑料管。 （11）保护管制作： 1）根据敷设路径精确测量各设备所需保护管的长度。 2）根据各设备敷设的电缆型号，选择合适的保护管。 3）保护管的管口应进行钝化处理，无毛刺和尖锐棱角，弯曲时宜采用机械冷弯。 4）镀锌保护管管口、锌层剥落处也应涂以防腐漆。	（1）二次电缆和1kV电力电缆敷设。电缆在二次电缆沟支架上的位置，从上到下的排列顺序为：站用变馈线电缆、照明电缆、直流电缆、控制电缆、通信电缆。为满足运行的可靠性，对消防、报警、应急照明、断路器操作直流电源、计算机监控、双电缆沟相交时，交叉口应加装电缆支架，以防电缆下垂。 （2）高压电缆敷设。高压电缆在敷设时应预留适当长度以备在更换电缆头等情况下仍能做一定切割，不致更换整根电缆。高压电缆间水平净距不小于1倍电缆外径。	（1）安装所需工器具专业资质机构查验合格，在有效期内。 （2）专业安装人员持各专业资格证，且在有效期内。 （3）防止人身触电：检查电源箱的漏电开关是否失灵，破损的电源线禁止使用，由电工操作电源箱。 （4）机械伤害：挂设机械操作规程并严格执行，设专职的机械操作人员。

续表

编号	工艺名称	工艺流程	工艺标准及施工要点	验收标准	安全要点
25	电缆保护管配置及敷设工程		（12）电缆管的安装： 1）金属电缆管不宜直接对焊，宜采用套管焊接方式，连接时两管口应对准、连接牢固、密封良好，套接的短套管或带螺纹的管接头的长度不应小于电缆管外径的2.2倍，两端应封焊；采用金属软管及合金接头做电缆保护接续管时，其两端应固定牢靠、密封良好。 2）硬质塑料管在套接或插接时，其插入深度宜为管子内径的1.1～1.8倍；在插接面上应涂以胶合剂粘牢密封；采用套接时套管两端应采取密封措施。 3）丝扣连接的金属管管端套丝长度应大于1/2管接头长度。 4）保护管敷设采取明敷和直埋两种方式。在易受机械损伤的地方和在受力较大处直埋时，应采用足够强度的管材。 5）保护钢管接地时，应先焊好接地线，再敷设电缆。 6）电缆管敷设时应有防下沉措施。 7）敷设进入端子箱、机构箱及汇控箱的电缆管时，应根据保护管实际尺寸进行开孔，不应开孔过大或拆除箱底板，保护管与操动机构箱交接处应有相对活动裕度	（3）户内外交接。户内外交接处电缆支架位置应根据实际的电缆敷设情况调整，保证电缆过渡顺畅。 （4）电缆竖井。大型成品电缆竖井应有可开启或可拆卸的门，沿竖井设置固定的金属爬梯，详细同工艺标准	（5）防止高处落物：工人进入施工现场按要求戴好安全帽，向上传递物品时严禁上抛，需用工具袋传递。 （6）吊装、高处坠落：使用合格的吊具，吊装下方不得站人，作业人员应听从统一指挥，身体不能在夹缝内，作业人员应使用安全带
26	电缆沟内支架制作及安装		（1）钢材应平直，无明显扭曲。下料误差应在5mm范围内，切口应无卷边、毛刺。 （2）电缆沟内通长扁铁应固定牢固，接地良好，全线连接良好，上下水平。通长扁铁接头处宜平弯后进行搭接焊接，使通长扁铁表面平齐。 （3）电缆支架应固定牢固，无显著变形。各横撑间的垂直净距与设计偏差不应大于5mm。支架的水平间距应一致，层间距离不应小于2倍电缆外径加5mm，35kV及以上高压电缆应小于2倍电缆外径加50mm。 （4）电缆支架宜与沟壁预埋件焊接，焊接处防腐，安装牢固，横平竖直，各支架的同层横撑应在同一水平面上，其高低偏差小于或等于5mm，在有坡度的电缆沟内或建筑物上安装的电缆支架，应有与电缆沟或建筑物相同的坡度。	同工艺标准	（1）安装所需工器具专业资质机构查验合格，在有效期内。 （2）专业安装人员持各专业资格证，且在有效期内。 （3）防止人身触电：检查电源箱的漏电开关是否失灵，破损的电源线禁止使用，由电工操作电源箱。 （4）机械伤害：挂设机械操作规程并严格执行，设专职的机械操作人员

续表

编号	工艺名称	工艺流程	工艺标准及施工要点	验收标准	安全要点
26	电缆沟内支架制作及安装		（5）钢结构竖井垂直度偏差不大于其长度的 2‰，横撑的水平误差不大于其宽度的 2‰，对角线的偏差不应大于其对角线长度的 5‰。 （6）电缆沟内通长扁铁跨越电缆沟伸缩缝处应设伸缩弯。 （7）材质要求：电缆支架宜采用角钢制作或复合材料制作，工厂化加工，热镀锌防腐。通长扁铁应采用镀锌扁钢。 （8）电缆沟土建项目验收合格（电缆沟内侧平整度、预埋件）。 （9）通长扁铁焊接前应进行校制直，安装时宜采用冷弯，焊接牢固。 （10）电缆支架安装前应进行放样，间距应一致。 （11）金属电缆支架必须进行防腐处理。位于湿热、盐雾以及有化学腐蚀地区时，应做特殊的防腐处理。 （12）金属支架焊接牢固，电缆支架焊接处两侧 100mm 范围内应做防腐处理。复合材料支架采用膨胀螺栓固定。 （13）在电缆沟十字交叉口、丁字口处宜增加电缆支架，防止电缆落地或过度下垂。 （14）金属支架全长均应有良好的接地电气连接，首末端必须可靠接地，并且每隔 30m 增加一个接地连接点		
27	电缆层内吊架制作及安装		（1）钢材应平直，无明显扭曲。下料误差应在 5mm 范围内，切口应无卷边、毛刺。 （2）电缆吊架的水平间距应一致，层间距离不应小于 2 倍电缆外径加 10mm，35kV 及以上高压电缆应小于 2 倍电缆外径加 5mm。 （3）电缆吊架宜采用焊接，焊接处防腐，安装牢固，横平竖直，同一层层架应在同一水平面上，其高低偏差小于或等于 5mm，托架支吊架沿桥架走向左右偏差各层层架垂直面应在同一垂直面上，转角处弧度应一致。 （4）直线段电缆桥架超过 30m 时，应有伸缩缝，其连接宜采用伸缩连接板；电缆桥架跨越建筑物伸缩缝处应设置伸缩缝。	同工艺标准	（1）安装所需工器具专业资质机构查验合格，在有效期内。 （2）专业安装人员持各专业资格证，且在有效期内。 （3）防止人身触电：检查电源箱的漏电开关是否失灵，破损的电源线禁止使用，由电工操作电源箱。 （4）机械伤害：挂设机械操作规程并严格执行，设专职的机械操作人员。 （5）防止高处落物：工人进入施工现场按要求戴好安全帽，向上传递物品时严禁上抛，需用工具袋传递。

续表

编号	工艺名称	工艺流程	工艺标准及施工要点	验收标准	安全要点
27	电缆层内吊架制作及安装		（5）电缆桥架转弯处的转弯半径，不应小于该桥架上的电缆最小允许弯曲半径的最大者。 （6）对预埋件位置进行检查、复测。 （7）电缆层架（吊架、桥架）到场后进行检验，检验合格后方可安装。 （8）电缆吊架宜根据荷载大小选用角钢或槽钢，焊接后做整体防腐处理；或采用热镀锌材料，焊接后在焊接处局部做防腐处理。 （9）对组装件进行组装。 （10）金属支架全长均应有良好接地		（6）吊装、高处坠落：使用合格的吊具，吊装下方不得站人，作业人员应听从统一指挥，身体不能在夹缝内，作业人员应使用安全带
28	直埋电缆敷设		（1）电缆表面距地面的距离不应小于0.7m，穿越车行道下敷设时不应小于1m，在引入建筑物、与地下建筑物交叉及绕过地下建筑物处，可浅埋，但应采取保护措施。 （2）电缆应埋设于冻土层以下，当受条件限制时，应采取防止电缆受到损坏的措施。 （3）电缆之间，电缆与其他管道、道路、建筑物等之间平行和交叉时的最小净空距离应符合GB 50168的规定。严禁将电缆平行敷设于管道的上方或下方。 （4）电缆与站区道路交叉时，应敷设于坚固的保护管或隧道内。电缆管的两端宜伸出道路路基两边500mm以上，伸出排水沟500mm。 （5）直埋电缆在直线段每隔50～100m处、电缆接头处、转弯处、进入建筑物等处，应设置明显的方位标识或标桩。 （6）直埋电缆沟开挖深度宜大于700mm，宽度宜大于500mm。 （7）直埋电缆的上、下部应铺以不小于100mm厚的软土砂层，并加盖保护板，其覆盖宽度应超出电缆两侧各50mm，保护板可采用混凝土盖板或砖块。软土或砂子中不应有石块或其他硬质杂物。 （8）直埋电缆回填覆盖前，应经隐蔽工程验收合格，回填土应分层夯实。 （9）平行排列的10kV以上电力电缆之间间距不小于250mm	同工艺标准	（1）安装所需工器具专业资质机构查验合格，在有效期内。 （2）专业安装人员持各专业资格证，且在有效期内。 （3）防止人身触电：检查电源箱的漏电开关是否失灵，破损的电源线禁止使用，由电工操作电源箱。 （4）机械伤害：挂设机械操作规程并严格执行，设专职的机械操作人员

续表

编号	工艺名称	工艺流程	工艺标准及施工要点	验收标准	安全要点
29	穿管电缆敷设		（1）管道应排列整齐，走向合理，管径选择合适。 （2）管口排列整齐，封堵严密。 （3）电缆管在敷设电缆前，应进行疏通，清除杂物。 （4）穿入管中的电缆的数量应符合设计要求。 （5）交流单芯电缆不得单独穿入钢管内。 （6）穿电缆时，不得损伤护层	同工艺标准	（1）安装所需工器具专业资质机构查验合格，在有效期内。 （2）专业安装人员持各专业资格证，且在有效期内。 （3）防止人身触电：检查电源箱的漏电开关是否失灵，破损的电源线禁止使用，由电工操作电源箱。 （4）机械伤害：挂设机械操作规程并严格执行，设专职的机械操作人员
30	支、吊架上电缆敷设		（1）电缆应排列整齐，走向合理，不宜交叉，无下垂现象。室外电缆敷设时不应外露。 （2）最小弯曲半径应为电缆外径的 12 倍；交联聚氯乙烯绝缘电力电缆：多芯应为15倍，单芯为 20 倍。 （3）电缆绑扎带间距和带头长度规范统一。 （4）各电缆终端应装设规格统一的标识牌，标识牌的字迹应清晰不易脱落。 （5）电缆下部距离地面高度应在 100mm 以上。 （6）防静电地板下电缆敷设宜设置电缆盒或电缆桥架并可靠接地。 （7）电缆敷设时，电缆应从盘的上端引出，不应使电缆在支架上及地面摩擦拖拉，电缆上不得有铠装压扁、电缆绞拧、护层折裂等未消除的机械损伤。 （8）机械敷设电缆的速度不宜超过 15m/min。 （9）高、低压电力电缆，强电、弱电控制电缆应按顺序分层配置，一般情况宜由上而下配置，但在含有 35kV 以上高压电缆引入柜盘时，为满足弯曲半径要求，可由下而上配置。 （10）控制电缆在普通支吊架上不宜超过 1 层，桥架上不宜超过 3 层；交流三芯电力电缆在普通支吊架上不宜超过 1 层，桥架上不宜超过 2 层。 （11）交流单芯电力电缆应布置在同侧支架上，呈品字形敷设。	同工艺标准	（1）安装所需工器具专业资质机构查验合格，在有效期内。 （2）专业安装人员持各专业资格证，且在有效期内。 （3）防止人身触电：检查电源箱的漏电开关是否失灵，破损的电源线禁止使用，由电工操作电源箱。 （4）机械伤害：挂设机械操作规程并严格执行，设专职的机械操作人员。 （5）防止高处落物：工人进入施工现场按要求戴好安全帽，向上传递物品时严禁上抛，需用工具袋传递。 （6）吊装、高处坠落：使用合格的吊具，吊装下方不得站人，作业人员应听从统一指挥，身体不能在夹缝内，作业人员应使用安全带

续表

编号	工艺名称	工艺流程	工艺标准及施工要点	验收标准	安全要点
30	支、吊架上电缆敷设		（12）电力电缆与控制电缆不宜配置在同一层支吊架上。 （13）电缆固定：垂直敷设或超过 45°倾斜的电缆每隔 2m 固定；水平敷设的电缆每隔 5～10m 进行固定，电缆首末两端及转弯处、电缆接头处必须固定。交流单芯电力电缆固定夹具或材料不应构成闭合磁路。当按紧贴正三角形排列时，应每隔一定距离用绑带扎牢，以免其松散。 （14）电缆敷设后应及时装设标识牌		
31	电缆终端制作及安装	1．施工准备 2．工作棚架搭建 3．附件开箱检查保管 4．开剥内外护套及钢销 5．安装三指套 6．安装冷缩式直管 7．屏蔽层、半导体层处理 8．导体压接 9．安装终端头 10．质量验收	（1）单层布置的电缆头的制作高度宜一致；多层布置的电缆头高度可以一致，或从里往外逐层降低；同一区域或每类设备的电缆头的制作高度和样式应统一。 （2）热缩管应与电缆的直径配套，要求缠绕的聚氯乙烯带颜色统一，缠绕密实、牢固；热缩管电缆头应采用统一长度热缩管加热收缩而成。 （3）电缆的屏蔽层接地方式应满足规范要求。 （4）户外铠装电缆钢带应一点接地，接地点可选在端子箱或汇控柜专用接地铜排上。钢带接地应采用单独的接地线引出，其引出位置宜在电缆头下部的某一统一高度。 （5）电缆屏蔽线、钢带接地线应在电缆的统一方向分别引出。 （6）严格按照产品技术要求采用热缩、冷缩绝缘材料制作电缆头。 （7）电缆芯线规格与接线端子规格配套，压接面清洁光滑、压接紧密，接线端子面平整洁净。用于户外的接地线端子应有防雨措施。 （8）制作电缆终端与接头，从剥切电缆开始应连续操作直至完成，缩短绝缘暴露时间。 （9）电缆终端和接头应采取加强绝缘、密封防潮、机械保护等措施。 （10）35kV 及以下电缆在剥切线芯绝缘、屏蔽、金属护套时，线芯沿绝缘表面至最近接地点（屏蔽或金属护套端部）的最小距离应符合要求。	同工艺标准	（1）安装所需工器具专业资质机构查验合格，在有效期内。 （2）专业安装人员持各专业资格证，且在有效期内。 （3）防止人身触电：检查电源箱的漏电开关是否失灵，破损的电源线禁止使用，由电工操作电源箱。 （4）机械伤害：挂设机械操作规程并严格执行，设专职的机械操作人员

续表

编号	工艺名称	工艺流程	工艺标准及施工要点	验收标准	安全要点
31	电缆终端制作及安装		（11）塑料绝缘电缆在制作终端头和接头时，应彻底清除半导电屏蔽层。 （12）电缆线芯连接时，应除去线芯和连接管内壁油污及氧化层，压接模具与金具配合恰当。 （13）三芯电力电缆终端处的金属护层应接地良好，单芯电缆应按设计要求接地，必须接地良好；塑料电缆每相铜屏蔽和钢铠应可靠接地。电缆通过零序电流互感器时，电缆金属护层和接地线应对地绝缘，电缆接地点在互感器以下时，接地线应直接接地；接地点在互感器以上时，接地线应穿过互感器接地。 （14）单芯电缆或分相后的各相终端的固定不应形成闭合的铁磁回路，固定处应加装符合规范要求的衬垫。 （15）电缆终端上应有明显的相色标识，且应与系统的相位一致		
32	电缆沟内阻火墙		（1）敷设阻燃电缆的电缆沟每隔80～100m设置一个隔断，敷设非阻燃电缆的电缆沟宜每隔60m设置一个隔断，一般设置在临近电缆沟交叉处。 （2）阻火墙中间采用无机堵料、防火包或耐火砖堆砌，其厚度一般不小于150mm，两侧采用10mm以上厚度的防火板封隔。 （3）阻火墙顶部用有机堵料填平整，并加盖防火板；底部必须留有排水孔洞。 （4）阻火墙应采用耐腐蚀材料支架进行固定。 （5）阻火墙两侧不小于1m范围内电缆应涂刷防火涂料，厚度为（1±0.1）mm。 （6）沟底、防火板的中间缝隙应采用有机堵料做线脚封堵，厚度大于阻火墙表层的10mm，宽度不得小于20mm，呈几何图形，面层平整。 （7）阻火墙上部的电缆盖上应涂刷红色的明显标记。 （8）在重要的电缆沟和隧道中，按设计要求分段或用软质耐火材料设置阻火墙。 （9）防火涂料应按一定浓度稀释，搅拌均匀，并应顺电缆长度	同工艺标准	（1）安装所需工器具专业资质机构查验合格，在有效期内。 （2）专业安装人员持各专业资格证，且在有效期内。 （3）防止人身触电：检查电源箱的漏电开关是否失灵，破损的电源线禁止使用，由电工操作电源箱。 （4）机械伤害：挂设机械操作规程并严格执行，设专职的机械操作人员

续表

编号	工艺名称	工艺流程	工艺标准及施工要点	验收标准	安全要点
32	电缆沟内阻火墙		方向进行涂刷，涂刷厚度或次数、间隔时间应符合材料使用要求。 （10）封堵应严实可靠，不应有明显的裂缝和可见的孔隙。 （11）阻火墙两侧的电缆周围利用有机堵料进行密实的分隔包裹，其两侧厚度大于阻火墙表层的 20mm，电缆周围的有机堵料宽度不得小于 30mm，呈几何图形，面层平整。 （12）电缆沟阻火墙宜预先布置 PVC 管，以便日后扩建		
33	孔洞、管口封堵		（1）孔洞底部铺设厚度为 10mm 的防火板，在孔隙口及电缆周围采用有机堵料进行密实封堵，电缆周围的有机堵料厚度不得小于 20mm。 （2）用防火包填充或无机堵料浇筑，塞满孔洞。 （3）在孔洞底部防火板与电缆的缝隙处做线脚，线脚厚度不小于 10mm，电缆周围的有机堵料的宽度不小于 40mm。 （4）电缆管口封堵露出管口厚度不小于 10mm。 （5）在封堵电缆孔洞时，封堵应严实可靠，不应有明显的裂缝和可见的孔隙，孔洞较大者应加耐火衬板后再进行封堵。 （6）电缆沟壁上电缆孔洞封堵：沟内壁宜用有机堵料封堵严实，沟外壁用水泥砂浆封堵严实。 （7）电缆管口封堵采用有机堵料，封堵严密。 （8）电缆管口封堵时应在管内加入挡板，防止封堵油泥掉落管内	同工艺标准	（1）安装所需工器具专业资质机构查验合格，在有效期内。 （2）专业安装人员持各专业资格证，且在有效期内。 （3）防止人身触电：检查电源箱的漏电开关是否失灵，破损的电源线禁止使用，由电工操作电源箱。 （4）机械伤害：挂设机械操作规程并严格执行，设专职的机械操作人员。 （5）防止高处落物：工人进入施工现场按要求戴好安全帽，向上传递物品时严禁上抛，需用工具袋传递
34	盘、柜底部封堵		（1）盘、柜底部以厚度为 10mm 防火板封隔，隔板安装平整牢固，安装中造成的工艺缺口、缝隙使用有机堵料密实地嵌于孔隙中，并做线脚。线脚厚度不小于 10mm，宽度不小于 20mm，电缆周围的有机堵料的宽度不小于 40mm，呈几何图形，面层平整。 （2）防火板不能封隔到的盘、柜底部空隙处，以有机堵料严密封实，有机堵料面应高出防火板 10mm 以上，并呈几何图形，面层平整。	同工艺标准	（1）安装所需工器具专业资质机构查验合格，在有效期内。 （2）专业安装人员持各专业资格证，且在有效期内。 （3）防止人身触电：检查电源箱的漏电开关是否失灵，破损的电源线禁止使用，由电工操作电源箱。 （4）机械伤害：挂设机械操作规程并严格执行，设专职的机械操作人员

续表

编号	工艺名称	工艺流程	工艺标准及施工要点	验收标准	安全要点
34	盘、柜底部封堵		（3）在预留的保护柜孔洞底部铺设厚度为10mm的防火板，在孔隙口用有机堵料进行密实封堵，用防火包填充或无机堵料浇筑，塞满孔洞。在预留孔洞的上部再采用钢板或防火板进行加固，以确保作为人行通道的安全性，如果预留的孔洞过大应采用槽钢或角钢进行加固，将孔洞缩小后方可加装防火板（孔洞的规格应小于400mm×400mm）。 （4）盘柜底部的专用接地铜排离底部不小于50mm，便于封堵。 （5）按照盘、柜底部尺寸切割防火板。 （6）在封堵盘、柜底部时，封堵应严实可靠，不应有明显的裂缝和可见的孔隙，孔洞较大者应加防火板后再进行封堵		
35	独立避雷针引下线安装		（1）接地引线与避雷针本体应采用螺栓连接，以便于测量接地阻抗。 （2）至少两点与集中接地装置相连。 （3）接地体连接可靠，工艺美观。 （4）螺栓连接的接地线螺栓丝扣外露长度一致，配件齐全。接地引线地面以上部分应采用黄绿接地标识，间隔宽度、顺序一致，最上面一道为黄色，接地标识宽度为15～100mm。 （5）接地端子底部与保护帽顶部距离以不小于200mm为宜。 （6）接地引下线应采用经热浸锌处理的扁钢。 （7）独立避雷针应设独立的集中接地装置，其接地阻抗值应符合要求。当有困难时，该接地装置可与接地网相连，但避雷针与主接地网的地下连接点至35kV及以下设备与主接地网的地下连接点，沿接地体的长度不得小于15m。 （8）独立避雷针及其接地装置与道路或建筑物的出入口等的距离应大于3m。当小于3m时，应根据设计要求采取均压措施或铺设卵石或沥青地面。 （9）独立避雷针的接地装置与接地网的地中距离不应小于3m。	同工艺标准	（1）安装所需工器具专业资质机构查验合格，在有效期内。 （2）专业安装人员持各专业资格证，且在有效期内。 （3）防止人身触电：检查电源箱的漏电开关是否失灵，破损的电源线禁止使用，由电工操作电源箱。 （4）机械伤害：挂设机械操作规程并严格执行，设专职的机械操作人员。 （5）防止高处落物：工人进入施工现场按要求戴好安全帽，向上传递物品时严禁上抛，需用工具袋传递

续表

编号	工艺名称	工艺流程	工艺标准及施工要点	验收标准	安全要点
35	独立避雷针引下线安装		（10）用于地面以上的镀锌扁钢应进行校直。 （11）扁钢弯曲时，应采用机械冷弯，避免热弯损坏锌层。 （12）焊接位置及锌层破损处应防腐。 （13）接地标识涂刷应一致		
36	构架避雷针的引下线安装		（1）带避雷针的构架应双接地。构架避雷针除与主接地网相连外，还应与单独设置的集中接地装置相连。 （2）钢管构架接地端子高度、方向一致，接地端子底部与保护帽顶部距离以不小于 200mm 为宜。 （3）接地扁钢上端面与钢构架接地端子上端面平齐，接地扁钢切割面、钻孔处、焊接处须做好防腐处理。 （4）螺栓连接的接地线螺栓丝扣外露长度一致，配件齐全。接地引线地面以上部分应采用黄绿接地标识，间隔宽度、顺序一致，最上面一道为黄色，接地标识宽度为 15～100mm。 （5）混凝土构架接地材料宜采用镀锌圆钢或镀锌扁钢，钢管构支架宜采用镀锌扁钢。 （6）接地线弯制前应先校平、校直，校正时不得用金属体直接敲打接地线，以免破坏镀锌层。弯制采取冷弯制作，镀锌层遭破坏时，要重新防腐。 （7）钢管构架筒壁厚度大于 4mm 时，可作为避雷针的接地引线。筒体底部用 2 根接地扁钢与接地端子对称相连。 （8）钢管构架接地引线与钢管壁之间应适当留有间隙，便于测量接地阻抗。 （9）混凝土构架接地线应采用焊接方式，应从杆顶钢箍处焊接，在构架中间钢箍处采用折弯方式对接；焊接长度均不少于圆钢直径的 6 倍，扁钢宽度的 2 倍。 （10）接地标识涂刷应一致	同工艺标准	（1）安装所需工器具专业资质机构查验合格，在有效期内。 （2）专业安装人员持各专业资格证，且在有效期内。 （3）防止人身触电：检查电源箱的漏电开关是否失灵，破损的电源线禁止使用，由电工操作电源箱。 （4）机械伤害：挂设机械操作规程并严格执行，设专职的机械操作人员。 （5）防止高处落物：工人进入施工现场按要求戴好安全帽，向上传递物品时严禁上抛，需用工具袋传递

续表

编号	工艺名称	工艺流程	工艺标准及施工要点	验收标准	安全要点
37	主接地网安装	1. 接地极制作 2. 接地扁铁弯制 3. 接地沟放线开挖 4. 接地极安装 5. 接地扁铁敷设 6. 接地扁钢与接地极连接 7. 防腐处理 8. 接地沟回填	（1）接地体顶面埋深应符合设计规定，当设计无规定时，不应小于600mm。 （2）垂直接地体间的间距不宜小于其长度的2倍，水平接地体的间距不宜小于5m。 （3）接地体的连接应采用焊接，焊接必须牢固、无虚焊，焊接位置两侧100mm范围内及锌层破损处应防腐。 （4）采用焊接时搭接长度应满足：扁钢搭接为其宽度的2倍；圆钢搭接为其直径的6倍；扁钢与圆钢搭接时长度为圆钢直径的6倍。 （5）根据设计图纸对主接地网敷设位置、网格大小进行放线，接地沟开挖深度以设计或规范要求的较高标准为准，且留有一定的余度。 （6）水平接地体宜采用热镀锌扁钢、圆钢或铜绞线和铜排，垂直接地体宜采用热镀锌角钢、铜棒和镀铜钢材。 （7）接地线弯制时，应采用机械冷弯，避免热弯损坏锌层。 （8）铜绞线、铜排等接地体焊接采用热熔焊，焊接时应预热模具，模具内热熔剂填充密实，点火过程安全防护可靠。接头内导体应熔透，保证有足够的导电截面。铜焊接头表面光滑、无气泡，应用钢丝刷清除焊渣并涂刷防腐漆。 （9）接地体正交搭接焊接时，除应在接触部位两侧进行焊接外，还应采取补救措施，使其搭接长度满足要求。 （10）设备接地引出线应靠近设备基础，埋入基础内的水平接地体在基础沉降缝处应设置伸缩弯	（1）根据设计图纸对主接地网敷设位置、网格大小进行放线，接地沟开挖深度以设计或规范要求的最高标准为准，且留有一定的余度。 （2）扁钢弯曲时，应采用机械冷弯，避免热弯损坏锁锌层。 （3）焊接位置及锁锌层破损处应可靠防腐，在焊痕处100mm内做防腐处理。 （4）主接地网的接地扁钢一般采用垂直排放。主接地网敷设时应在各柱、设备处将接地引线引出地面，以备引接到柱和设备。 （5）主接地线在电缆沟、电缆隧道、建筑物等下方经过时，不得浇制在混凝土中。接地体在通过道路、管道、墙壁及其他可能受机械损伤的地方，应采取保护措施，如使用钢管或角铁加以保护等。 （6）在接地体（线）跨越建筑物伸缩缝处时，应设置补偿器。补偿器可用接地体本身弯成。 （7）在做设备接地时应注意细部处理，使接地扁铁与设备基础接触紧密牢固，遇到大拐弯处，转弯弧度顺着走，小拐角做成鸭脖弯形状，外观自然美观。 （8）水平接地体宜采用热锁锌扁钢，垂直接地体宜采用热锁锌角钢。 （9）接地体顶面埋深应符合设计规定，当设计无规定时，不应小于0.6m。 （10）垂直接地体间的距离不宜小于其长度的2倍，水平接地体的间距应符合设计规定，当设计无规定时不宜小于5m。 （11）接地体的连接应采用焊接，焊接必须牢固、无虚焊，焊接处做好可靠防腐，搭接面及焊接防腐应满足规范要求	（1）安装所需工器具专业资质机构查验合格，在有效期内。 （2）专业安装人员持各专业资格证，且在有效期内。 （3）防止人身触电：检查电源箱的漏电开关是否失灵，破损的电源线禁止使用，由电工操作电源箱。 （4）机械伤害：挂设机械操作规程并严格执行，设专职的机械操作人员。 （5）防止高处落物：工人进入施工现场按要求戴好安全帽，向上传递物品时严禁上抛，需用工具袋传递

续表

编号	工艺名称	工艺流程	工艺标准及施工要点	验收标准	安全要点
38	构支架接地安装	1．施工准备 2．基础复测 3．构件排杆、组装 4．构架组装地面验收 5．构支架吊装 6．构支架的调整、校正 7．基础杯口的混凝土灌浆及养护 8．缆风绳的拆除 9．质量验收	（1）接地线焊接均匀，焊缝高度、搭接长度符合规范要求。 （2）混凝土构支架接地线与杆壁贴合紧密。 （3）接地线应顺直、美观。 （4）钢管构架接地端子高度、方向一致，接地端子底部与保护帽顶部距离不小于200mm。 （5）混凝土构架接地标识高度一致、方向一致，便于观测。 （6）钢管构支架接地扁钢上端面与构支架接地端子上端面平齐，接地扁钢切割面、钻孔处、焊接处须做好防腐处理。 （7）螺栓连接的接地线螺栓丝扣外露长度一致，配件齐全。接地引线地面以上部分应采用黄绿接地标识，间隔宽度、顺序一致，最上面一道为黄色，接地标识宽度为15～100mm。 （8）避雷器、电压互感器、电流互感器、断路器支架应双接地。对铜质接地网，原则上除变压器采用双接地引下线外，其余设备可采用单根接地线引下。每台电气设备应以单独的接地体与接地网连接，不得串接在一根引下线上。 （9）混凝土构架接地材料宜采用镀锌圆钢或镀锌扁钢，钢管构支架宜采用镀锌扁钢，型号符合设计要求。 （10）接地线弯制前应先校平、校直，校正时不得用金属体直接敲打接地线，以免破坏镀锌层。弯制采取冷弯制作，镀锌层遭破坏时，要重新防腐。 （11）钢管构支架接地引线与钢管壁之间应适当留有间隙，便于测量接地阻抗。 （12）混凝土构架接地线应采用焊接方式，应从杆顶钢箍处焊接，在构架中间钢箍处采用折弯方式对接，焊接长度均不少于圆钢直径的6倍，扁钢宽度的2倍。 （13）支架接地引线在杆顶钢箍处直接引下，焊接长度均不少于圆钢直径的6倍，扁钢宽度的2倍。 （14）接地标识涂刷应一致	（1）钢横梁组装后的标准： 1）钢横梁长度偏差为±10mm。 2）安装螺孔中心距偏差为±3mm。 3）钢梁组装后挂线板中心偏差小于或等于8mm。 4）钢梁的弯曲矢高小于或等于L/1000mm（L为钢梁长度）。 （2）钢柱安装后的标准： 1）对锁锌组合钢柱弯曲矢高偏差小于或等于H/1200，且不大于15mm。 2）构架柱顶面标高偏差为10mm；设备支架顶面标高偏差为0～－5mm（设备支架标高应满足设备无垫片安装要求）。 3）钢柱垂直度偏差小于或等于H/1000，且不大于15mm。 4）法兰顶紧接触面不应小于70%紧贴，且边缘最大间隙不应大于0.8mm	（1）安装所需工器具专业资质机构查验合格，在有效期内。 （2）专业安装人员持各专业资格证，且在有效期内。 （3）防止人身触电：检查电源箱的漏电开关是否失灵，破损的电源线禁止使用，由电工操作电源箱。 （4）机械伤害：挂设机械操作规程并严格执行，设专职的机械操作人员。 （5）防止高处落物：工人进入施工现场按要求戴好安全帽，向上传递物品时严禁上抛，需用工具袋传递

续表

编号	工艺名称	工艺流程	工艺标准及施工要点	验收标准	安全要点
39	爬梯接地安装		（1）接地线位置一致，方向一致。 （2）接地线弯制弧度弯曲自然、工艺美观。 （3）接地引线地面以上部分应采用黄绿接地标识，间隔宽度、顺序一致，最上面一道为黄色，接地标识宽度为15～100mm。 （4）螺栓连接接触面紧密，连接牢固，螺栓丝扣外露长度一致，配件齐全。 （5）爬梯如分段组装，两段接头处未使用螺栓连接，则应加跨接线。 （6）变电站内爬梯应可靠接地。可采取直接连接主接地网或通过接地端子与主接地网连接的方式。 （7）爬梯接地线材料采用镀锌圆钢或镀锌扁钢，表面锌层完好，无损伤。 （8）爬梯接地线搭接可采用焊接和螺栓连接两种方式。 （9）采用焊接时焊接长度均不少于圆钢直径的6倍，扁钢宽度的2倍，3面焊接。 （10）采用螺栓连接时，可采用直线连接和垂直连接两种方式。 （11）接地线弯制应采用冷弯制作。 （12）接地标识涂刷一致	同工艺标准	（1）安装所需工器具专业资质机构查验合格，在有效期内。 （2）专业安装人员持各专业资格证，且在有效期内。 （3）防止人身触电：检查电源箱的漏电开关是否失灵，破损的电源线禁止使用，由电工操作电源箱。 （4）机械伤害：挂设机械操作规程并严格执行，设专职的机械操作人员。 （5）防止高处落物：工人进入施工现场按要求戴好安全帽，向上传递物品时严禁上抛，需用工具袋传递。 （6）吊装、高处坠落：使用合格的吊具，吊装下方不得站人，作业人员应听从统一指挥，身体不能在夹缝内，作业人员应使用安全带
40	设备接地安装	1. 接地极制作、接地扁铁弯制 2. 接地沟放线开挖 3. 接地极安装 4. 接地扁铁敷设 5. 接地扁钢与接地极连接 6. 防腐处理 7. 接地沟回填	（1）同类设备的本体接地引下线位置一致，方向一致。 （2）接地线弯制弧度弯曲自然、工艺美观。 （3）接地引线地面以上部分应采用黄绿接地标识，间隔宽度、顺序一致，最上面一道为黄色，接地标识宽度为15～100mm。 （4）螺栓连接接触面紧密，连接牢固，螺栓丝扣外露长度一致，配件齐全。 （5）断路器、隔离开关、互感器、电容器等一次设备底座（外壳）均需接地。 （6）接地线材料宜采用铜排、镀锌扁钢和软铜线。 （7）接地铜排两端搭接面应搪锡。 （8）接地引线与设备本体采用螺栓搭接，搭接面紧密。 （9）机构箱可开启门应用4mm^{2}软铜导线可靠连接接地。 （10）机构箱箱体接地线连接点应连接在最靠近接地体侧。 （11）隔离开关垂直连杆应用软铜辫与最靠近接地体侧连接	同工艺标准	（1）安装所需工器具专业资质机构查验合格，在有效期内。 （2）专业安装人员持各专业资格证，且在有效期内。 （3）防止人身触电：检查电源箱的漏电开关是否失灵，破损的电源线禁止使用，由电工操作电源箱。 （4）机械伤害：挂设机械操作规程并严格执行，设专职的机械操作人员。 （5）防止高处落物：工人进入施工现场按要求戴好安全帽，向上传递物品时严禁上抛，需用工具袋传递。 （6）吊装、高处坠落：使用合格的吊具，吊装下方不得站人，作业人员应听从统一指挥，身体不能在夹缝内，作业人员应使用安全带

续表

编号	工艺名称	工艺流程	工艺标准及施工要点	验收标准	安全要点
41	屏柜内接地安装		（1）专用接地铜排的接线端子布设合理，间隔一致。 （2）一个接地螺栓上安装不超过2个接地线鼻。每个接线鼻子最多压6根屏蔽线。 （3）电缆屏蔽接地线压接牢固、绑扎整齐，走线合理、美观。 （4）可开启的屏柜（箱）门接地线齐全、牢固。 （5）屏柜（箱）框架和底座接地良好。 （6）有防振垫的屏柜，每列屏有两点以上明显接地。 （7）静态保护和控制装置的屏柜下部应设有截面面积不小于100mm^{2}的接地铜排。屏柜上装置的接地端子应用截面面积不小于4mm^{2}的多股铜线和接地铜排相连。屏柜内的接地铜排应用截面面积不小于50mm^{2}的铜缆与保护室内的等电位接地网相连。开关场的就地端子箱内应设置截面面积不少于100mm^{2}的裸铜排，并使用截面面积不少于100mm^{2}的铜缆与电缆沟道内的等电位接地网连接。 （8）屏柜（箱）内应分别设置接地母线和等电位屏蔽母线，并由厂家制作接地标识。 （9）屏柜（箱）可开启门应采用多股软铜导线可靠连接接地。 （10）电缆屏蔽接地线采用4mm^{2}黄绿相间的多股软铜线与电缆屏蔽层紧密连接，接至专用接地铜排。 （11）接地线采用多股软铜线连接时应压接专用接线鼻。每个接线鼻子最多压6根屏蔽线	（1）防火封堵前，保护屏外壳明显接地柱处，应采用截面面积大于或等于4mm^{2}的多股双色软铜线和接地网引上线直接连接，并注意防止被防火泥封住。 （2）可开启的门，应用截面面积大于或等于4mm^{2}的多股双色软铜线与接地的金属构件可靠接地。 （3）控制电缆销装层接地应采用截面面积为4mm^{2}的双色接地线与屏（箱）接地连接，铜屏蔽层接地应采用截面面积为4mm^{2}的双色接地线接在抗干扰铜排上，编织成扁平状压接接地且需少于6根；铠装层、铜屏蔽层压接或焊接方法应牢固	（1）安装所需工器具专业资质机构查验合格，在有效期内。 （2）专业安装人员持各专业资格证，且在有效期内。 （3）防止人身触电：检查电源箱的漏电开关是否失灵，破损的电源线禁止使用，由电工操作电源箱。 （4）机械伤害：挂设机械操作规程并严格执行，设专职的机械操作人员。 （5）防止高处落物：工人进入施工现场按要求戴好安全帽，向上传递物品时严禁上抛，需用工具袋传递
42	户内接地装置安装	1．接地极制作、接地扁铁弯制 2．接地沟放线开挖 3．接地极安装 4．接地扁铁敷设 5．接地扁钢与接地极连接 6．防腐处理 7．接地沟回填	（1）接地线的安装位置应合理，便于检查，不妨碍设备检修和运行巡视；接地线的安装应美观，防止因加工方式不当造成接地线截面减小、强度减弱、容易生锈的现象。 （2）接地体一般采用暗敷，沿墙设有室内检修接地端子盒。 （3）接地线暗敷时，临时接地点采用埋设于墙体内的接地端子盒型式。盒体底部距离室内地面高度统一为0.3m，暗敷于室内墙体，盒门采用不小于4mm^{2}多股软铜线跨接至盒体接地，盒门	（1）接地体宜采用热锁锌扁钢，宜明敷。 （2）接地线的安装位置应合理，便于检查，不妨碍设备检修和运行巡视。接地线的安装应美观，防止因加工方式不当造成接地线截面减小、强度减弱、容易生锈。 （3）支持件间的距离，在水平直线部分应为0.5～1.5m，垂直部分应为1.5～3m，转弯部分宜为0.3～0.5m。	（1）安装所需工器具专业资质机构查验合格，在有效期内。 （2）专业安装人员持各专业资格证，且在有效期内。 （3）防止人身触电：检查电源箱的漏电开关是否失灵，破损的电源线禁止使用，由电工操作电源箱。 （4）机械伤害：挂设机械操作规程并严格执行，设专职的机械操作人员。

续表

编号	工艺名称	工艺流程	工艺标准及施工要点	验收标准	安全要点
42	户内接地装置安装		外侧刷边长为60mm的等边倒三角形，白色底漆，并标以黑色标识。 （4）接地点应方便检修使用。 （5）接地体宜采用热镀锌扁钢，一般采用暗敷方式。 （6）接地线弯制前应先校平、校直，校正时不得用金属体直接敲打接地线，以免破坏镀锌层。弯制采取冷弯制作，镀锌层遭破坏时，要重新防腐。 （7）建筑物接地应和主接地网进行有效连接。暗敷在建筑物抹灰层内的引下线应有卡钉分段固定，主控室、高压室应设置不少于2个与主网相连的检修接地端子。 （8）接地网遇门处拐角埋入地下敷设，埋深250～300mm，接地线与建筑物墙壁间的间隙宜为10～15mm，接地干线敷设时，注意土建结构及装饰面。当接地线跨越建筑物变形缝时，应设补偿装置，补偿装置可用接地线本身弯成弧状代替。 （9）焊接位置（焊缝 100mm范围内）及锌层破损处应进行防腐处理。 （10）接地引线颜色标识应符合规范	（4）接地线应水平或垂直敷设，也可与建筑物倾斜结构平行敷设，在直线段上，不应有高低起伏及弯曲等现象。 （5）接地线沿建筑物墙壁水平敷设时，离地面距离宜为 250～300mm，接地线与建筑物墙壁间的间隙宜为10～15mm。 （6）在接地线跨越建筑物伸缩缝、沉降缝时，应设置补偿器，补偿器可用接地线本身弯成弧状代替。 （7）导体的全长度或区间段及每个连接部位附近的表面，应涂以15～100mm宽度相等的绿色或黄色相间的条纹标识。当使用胶带时，应使用双色胶带，中性线宜涂淡蓝色标识。 （8）在接地线引向建筑物的入口处和在检修用临时接地点处，均应刷白色底漆并标以黑色标识，同一接地体不应出现两种不同的标识。 （9）明敷的锁锌扁钢应进行必要的校直。 （10）扁钢弯曲时，应采用机械冷弯，避免热弯损坏锁锌层。 （11）焊接位置及锁锌层破损处应可靠防腐，在焊痕处100mm内做防腐处理	（5）防止高处落物：工人进入施工现场按要求戴好安全帽，向上传递物品时严禁上抛，需用工具袋传递
43	光端机安装		（1）基础型钢不直度小于或等于1mm/m，全长小于或等于5mm；水平度误差小于或等于1mm/m，全长误差小于或等于5mm；位置误差及全长不平行度小于或等于5mm。 （2）屏柜底座与基础连接牢固，导通良好，可开启屏门用软铜导线可靠接地。 （3）屏柜体垂直度误差小于1.5mm/m，相邻两柜顶部水平度误差小于2mm，成列柜顶部水平度误差小于5mm；相邻两柜盘面误差小于1mm，成列柜面盘面误差小于5mm，相间接缝误差小于2mm。	同工艺标准	（1）安装所需工器具专业资质机构查验合格，在有效期内。 （2）专业安装人员持各专业资格证，且在有效期内。 （3）防止人身触电：检查电源箱的漏电开关是否失灵，破损的电源线禁止使用，由电工操作电源箱。 （4）机械伤害：挂设机械操作规程并严格执行，设专职的机械操作人员

续表

编号	工艺名称	工艺流程	工艺标准及施工要点	验收标准	安全要点
43	光端机安装		（4）屏柜面平整，附件齐全，门销开闭灵活，照明装置完好，盘、柜前后标识齐全、清晰。 （5）基础复测。预埋槽钢垂直度偏差、平行间距误差、单根槽钢平整度及平行槽钢整体平整度误差复测，核对槽钢预埋长度与设计图纸是否相符，检查电缆孔洞应与盘柜匹配，基础槽钢与主接地网连接可靠。 （6）屏柜位置确定。 （7）屏柜外形尺寸、颜色宜与室内保护屏柜保持一致。检查屏柜外观面漆应无明显剐蹭痕迹，外壳无变形，屏、柜面和门把手完好，内部电气元件固定无松动。 （8）屏柜应采用螺栓固定，紧固件应经热镀锌防腐处理。 （9）光纤连接线在沟道内应加塑料子管或采用槽盒进行保护，两端预留长度应统一。 （10）电缆、光纤、网线均应做好相应标识		
44	程控交换机安装		（1）基础型钢不直度小于或等于1mm/m，全长小于或等于5mm；水平度误差小于或等于1mm/m，全长误差小于或等于5mm；位置误差及全长不平行度小于或等于5mm。 （2）屏柜体垂直度误差小于1.5mm/m，相邻两柜顶部水平度误差小于2mm，成列柜顶部水平度误差小于5mm；相邻两柜盘面误差小于1mm，成列柜面盘面误差小于5mm，相间接缝误差小于2mm。 （3）屏柜体底座与基础连接牢固，导通良好，可开启屏门用软铜导线可靠接地。 （4）屏柜面平整，附件齐全，门销开闭灵活，照明装置完好，盘、柜前后标识齐全、清晰。 （5）机架内各种线缆应使用活扣扎带统一编扎，活扣扎带间距为100～200mm，缆线应顺直，无明显扭绞。 （6）基础复测。预埋槽钢垂直度偏差、平行间距误差、单根槽钢平整度及平行槽钢整体平整度误差复测，核对槽钢预埋长度与设计图纸是否相符，检查电缆孔洞应与盘柜匹配，基础槽钢与主接地网连接可靠。	同工艺标准	（1）安装所需工器具专业资质机构查验合格，在有效期内。 （2）专业安装人员持各专业资格证，且在有效期内。 （3）防止人身触电：检查电源箱的漏电开关是否失灵，破损的电源线禁止使用，由电工操作电源箱。 （4）机械伤害：挂设机械操作规程并严格执行，设专职的机械操作人员

续表

编号	工艺名称	工艺流程	工艺标准及施工要点	验收标准	安全要点
44	程控交换机安装		（7）机架设备安装。检查设备外观面漆无明显剐蹭痕迹，外壳无变形，屏、柜面和门把手完好，内部电气元件固定无松动。 （8）电缆布设：对于卡接电缆芯线，卡线位置、长度应一致，穿线孔可视，卡接处芯线不允许扭绞。 （9）金属铠装缆线从机房外引入时，缆线外铠装必须与机架接地相连，音频电缆芯线必须经过过电流、过电压保护装置方能接入设备		
45	光缆敷设及接线		（1）导引光缆应采用阻燃、防水的非金属光缆。 （2）进场光缆由接续盒引下的导引光缆至电缆沟地埋部分应穿热镀锌钢管保护，钢管两端做防水封堵。 （3）线路光缆引下线固定可靠，余缆固定及弯曲半径符合要求、工艺美观。导引光缆应排列整齐，走向合理，不宜交叉，最小弯曲半径应不小于缆径的25倍。 （4）所有数据双绞线、同轴电缆、光纤缆芯均需挂牌，走线合理，排列整齐；导引光缆两端及转弯处应装设规格统一的标识牌，标识牌的字迹应清晰不易脱落；光缆经由走线架，拐弯点、上线柜、每层楼开门处应绑扎固定，光缆排列应整齐。 （5）架空避雷线应与变电站接地装置相连，并设置便于地网电阻测试的断开点。光缆沿构架敷设应与构架采取绝缘措施，在构架法兰处采取必要防护措施。 （6）数字配线架跳线整齐；同轴电缆与电缆插头的焊接牢固、接触良好，插头的配件装配正确牢固；尾纤弯曲半径大于或等于40mm，编扎顺直，无扭绞。 （7）光纤接头损耗应达到设计规定值，光纤熔接后应采用热熔套管保护。 （8）光缆接续时应注意光缆端别、光纤纤序正确，且应对光缆端别及纤序作识别标识。 （9）光纤预留在接头盒内应保证足够的盘绕半径，并无挤压、松动。	同工艺标准	（1）安装所需工器具专业资质机构查验合格，在有效期内。 （2）专业安装人员持各专业资格证，且在有效期内。 （3）防止人身触电：检查电源箱的漏电开关是否失灵，破损的电源线禁止使用，由电工操作电源箱。 （4）机械伤害：挂设机械操作规程并严格执行，设专职的机械操作人员

续表

编号	工艺名称	工艺流程	工艺标准及施工要点	验收标准	安全要点
45	光缆敷设及接线		(10)尾纤接线顺畅自然，多余部分盘放整齐，备用芯加套头保护。 (11)导引光缆应宜配置在缆沟底层支吊架上；在电缆沟内敷设的无铠装的通信电缆和光缆应采用非金属保护管或金属槽盒进行保护		
46	通信系统防雷、接地	1．施工准备 2．接地网安装 3．接地装置安装 4．接地 5．接地电阻测试 6．质量验收	(1)通信机房的屏位下应敷设专用的环形接地网，并与变电站的主接地网有不少于两点的可靠连接，接地网一般采用不小于90mm²的铜排或120mm²的镀锌扁钢。 (2)电缆的屏蔽层应两端接地。铠装电缆进入机房前，应将铠带和屏蔽同时接地；通信设备的金属机架、屏柜的金属骨架、电缆的金属护套等保护接地应统一接在柜内的接地母线上，并必须用独立的接地线接在机房内的环形接地母线上，严禁串接接地。 (3)通信设备直流电源的正极，在电源侧和通信设备侧均应直接接地，在电源屏侧接地时采用不低于25mm²的铜绞线，在负载侧接地时采用不低于2.5mm²的接地线。 (4)通信站(机房)必须采用联合接地。 (5)直流电源工作地应从接地汇集排直接接到接地母线上。 (6)通信用交直流屏及整流器金属架接地良好。 (7)音频电缆备用线在配线架上接地	同工艺标准	(1)安装所需工器具专业资质机构查验合格，在有效期内。 (2)专业安装人员持各专业资格证，且在有效期内。 (3)防止人身触电：检查电源箱的漏电开关是否失灵，破损的电源线禁止使用，由电工操作电源箱。 (4)机械伤害：挂设机械操作规程并严格执行，设专职的机械操作人员

47 高风险作业（升压站受电）先决条件检查表

序号	检查项目	内　　容	是否合格	备注
1	方案	升压站受电方案已经编制、审核、发布	□是　□否　□不涉及	
2	组织机构	设置升压站受电组织机构，设置受电监护人员和调度指挥人员	□是　□否　□不涉及	
3	受电前主要电气设备检查	电力变压器（含油浸电抗器）箱体密封良好，油位正常；事故排油和防火措施齐全；气体继电器、温度计校验合格；变压器本体外壳、铁芯和夹件及中性点工作接地可靠	□是　□否　□不涉及	

续表

序号	检查项目	内　　容	是否合格	备注
3	受电前主要电气设备检查	组合电器接地部分连接可靠，膨胀伸缩装置符合规范；充气设备气体压力、密度继电器报警和闭锁值符合产品技术要求，SF_6 气体检验合格，报告齐全	□是　□否　□不涉及	
		断路器、隔离开关、接地开关分合闸指示正确，接地可靠	□是　□否　□不涉及	
		避雷器外观及安全装置完好，接地符合规范规定	□是　□否　□不涉及	
		互感器外观完好，接地可靠；TA 二次回路严禁开路；TV 二次回路严禁短路	□是　□否　□不涉及	
		电容器布置、SVG、接线正确，保护回路完整，无损伤、渗漏及变形现象	□是　□否　□不涉及	
		低压电器设备完好，标识清晰	□是　□否　□不涉及	
		室内外盘柜安装牢固、接地可靠；柜内电气设备、接线整齐规范，带电距离符合要求	□是　□否　□不涉及	
		电缆敷设符合规范要求，防火封堵严密、阻燃措施符合要求，试验合格；金属电缆支架接地良好	□是　□否　□不涉及	
		防雷接地、设备接地连接可靠，标识符合规定，测试符合设计要求	□是　□否　□不涉及	
		蓄电池组标识正确、清晰，充放电试验合格，记录齐全；直流电源系统安装、调试合格	□是　□否　□不涉及	
		电气设备“五防”装置齐全	□是　□否　□不涉及	
		电测仪表校验合格	□是　□否　□不涉及	
		继电保护和自动装置已按定值通知单整定完毕，保护装置已上电	□是　□否　□不涉及	
		消防器材配备完善，消防通道畅通	□是　□否　□不涉及	
4	主要试验检查	主变压器（电抗器）绕组连同套管相关交接试验（特殊试验）项目齐全、试验结果合格	□是　□否　□不涉及	
		互感器绕组的绝缘电阻合格，互感器参数测试合格；电流、电压、控制、信号等二次回路绝缘符合规范要求	□是　□否　□不涉及	
		断路器、隔离开关、有载分接开关传动试验动作可靠，信号正确；隔离开关接触电阻及断路器三相同期值符合规定	□是　□否　□不涉及	
		保护及安全自动装置、远动、通信、综合自动化系统、电能质量在线监测装置等调试记录与试验项目齐全，试验结果合格；线路双侧保护联调合格，通信正常	□是　□否　□不涉及	

续表

序号	检查项目	内　　容	是否合格	备注
5	作业人员	取得调度及工作负责人、工作票签发人、工作许可人资质	□是　□否　□不涉及	
		作业人员身体健康。工作状态良好，患有精神病、癫痫病、高血压、心脏病等不宜从事相关作业病症的人员，不准参加作业	□是　□否　□不涉及	
6	培训	作业人员已接受三级安全教育	□是　□否　□不涉及	
		作业人员已接受安全技术交底	□是　□否　□不涉及	
7	工作票、证	严格“两票三制”，三种人资格满足要求；安全措施填写齐全	□是　□否　□不涉及	
8	受电准备	典型操作票已编制完毕	□是　□否　□不涉及	
		检查控制室与电网调度之间的通信联络通畅	□是　□否　□不涉及	
		检查电气设备运行操作所需的安全工器具、仪器、仪表、防护用品以及备品、备件等配置齐全，检验合格	□是　□否　□不涉及	
		检查受电区域与非受电区域及运行区域隔离可靠，警示标识齐全、醒目	□是　□否　□不涉及	
		检查设备的名称和双重编号及盘、柜双面标识准确、齐全；电气安全警告标示牌内容和悬挂位置正确、齐全、醒目	□是　□否　□不涉及	
9	受电	检查设备状态正常，操作票准备完毕	□是　□否　□不涉及	
		进行实际模拟操作	□是　□否　□不涉及	
		设备受电无关人员撤到安全位置	□是　□否　□不涉及	
		根据调度指令，按方案和操作票进行受电	□是　□否　□不涉及	
10	应急与急救	已经发布升压站受电应急救援预案	□是　□否　□不涉及	
		应急培训、演练完成	□是　□否　□不涉及	
		应急、急救器材布置完成	□是　□否　□不涉及	
		紧急集合点设置完成	□是　□否　□不涉及	
		紧急联系人姓名、联系电话现场公布	□是　□否　□不涉及	
作业单位工作负责人：　　　　EPC 工作负责人： 运维值班负责人：　　　　监理负责人： 检查日期：　　年　　月　　日				